TOUS LES EXERCICES DE CHIMIE MPSI-PTSI

Pour assimiler le programme, s'entraîner et réussir son concours

TOUS LES EXERCICES DE CHIMIE MPSI-PTSI

Pour assimiler le programme, s'entraîner et réussir son concours

Simon Beaumont
Professeur au lycée Notre-Dame-de-la-Paix à Lille

EdiScience

Couverture : *Claude Lieber*

ISBN 978-2-10-051292-8

Table des matières

1 Structure des atomes. Quantification de l'énergie de l'atome d'hydrogène et des hydrogénoïdes

Ce qu'il faut savoir

Quelle est la composition d'un atome ?

Le noyau est composé des nucléons (protons positifs et neutrons sans charge électrique) dont le nombre correspond au nombre de masse A. Le nombre de charge ou numéro atomique Z désigne quant à lui le nombre de protons. Les électrons négatifs sont en nombre identique aux protons pour l'atome globalement neutre électriquement.

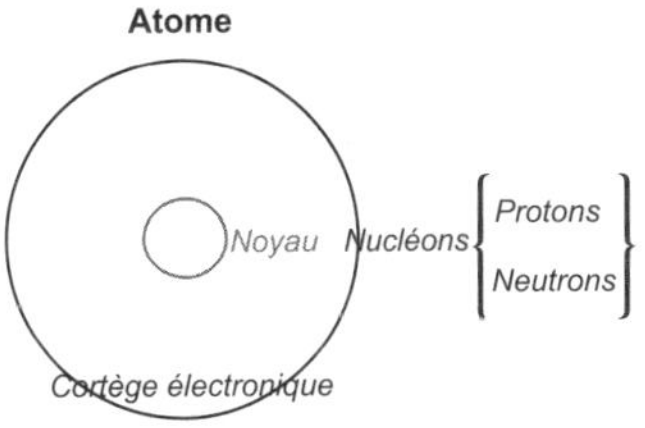

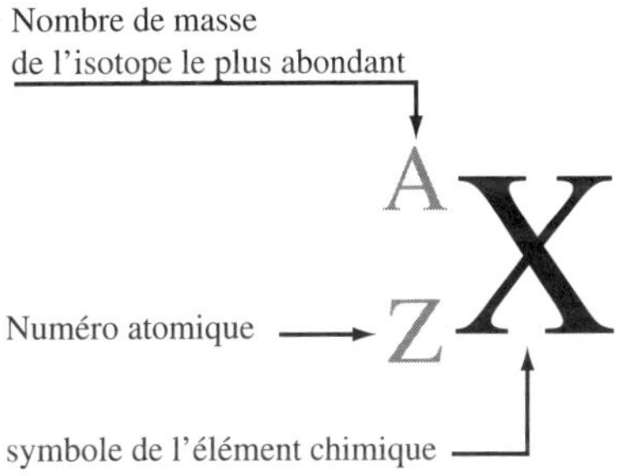

N'oubliez pas enfin que la masse de l'atome est quasi exclusivement contenue dans son noyau (pour environ 99,99 %).

	Électron	Nucléons	
		Proton	Neutron
Masse	$9{,}11 \times 10^{-31}$ kg	$1{,}6724 \times 10^{-27}$ kg	$1{,}6747 \times 10^{-27}$ kg
Charge	$-1{,}602 \times 10^{-19}$ C	$+ 1{,}602 \times 10^{-19}$ C	0

Voir exercice 1.1.

Comment déterminer la nature d'un rayonnement électromagnétique ?

On détermine la nature d'un rayonnement électromagnétique par sa longueur d'onde λ (en m) ou par sa fréquence ν (en Hz). La longueur d'onde désigne la distance parcourue par l'onde pendant une période de vibration de la source, alors que la fréquence désigne le nombre de vibrations par seconde.

On a la relation :

$$\nu = \frac{C}{\lambda}.$$

Traditionnellement, on utilise plutôt la longueur d'onde pour différencier les ondes électromagnétiques, notamment le domaine des ondes visibles par l'œil humain de 400 nm (violet) à 800 nm (rouge).

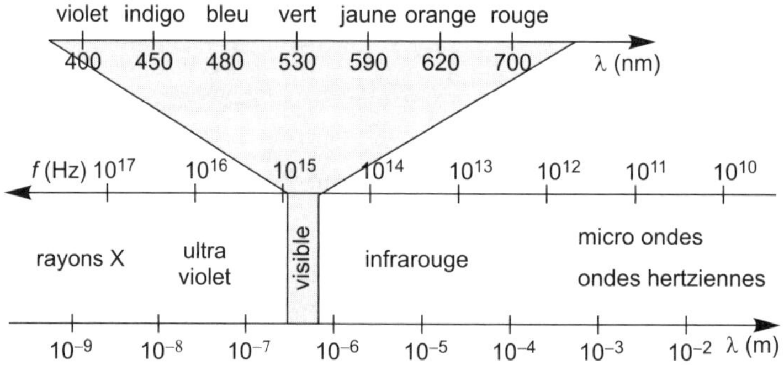

Quelle est l'énergie d'un rayonnement électromagnétique ?

L'énergie d'une onde électromagnétique est donnée par la relation de Planck $E = h \cdot \nu$ avec h représentant la constante de Planck.

Quel lien y a-t-il entre la longueur d'onde, la vitesse et la fréquence d'une onde ?

Vous utiliserez la formule classique de la vitesse d'une onde égale au rapport de la distance parcourue par le temps mis pour parcourir cette distance ; or à la célérité de la lumière dans le vide $C(3{,}00 \cdot 10^8\ \text{m} \cdot \text{s}^{-1})$, l'onde parcourt la distance λ (en m) pendant une période T (en s), soit :

$$C = \frac{\lambda}{T} = \lambda \cdot \nu.$$

où ν représente la fréquence de l'onde (en Hz).

Comment employer la formule de Ritz ?

Pour employer cette formule, vous devez connaître les niveaux énergétiques entre lesquels auront lieu les transitions électroniques. Vous pourrez ainsi déterminer la longueur d'onde du rayonnement électromagnétique qui accompagnera ces transitions :

$$\frac{1}{\lambda} = R\left(\frac{1}{n_x^2} - \frac{1}{n_y^2}\right).$$

Vous prendrez garde à placer le numéro du niveau d'énergie le plus élevé en place de n_y pour obtenir une longueur d'onde positive !

La constante de Rydberg est-elle la même pour tous les atomes ?

La valeur de la constante de Rydberg fournie dans les tables est en fait celle de l'atome d'hydrogène. En effet, pour les autres atomes, cette constante varie. Si besoin, vous serez donc amené à calculer cette constante en fonction des atomes étudiés.

À quoi correspondent les séries de raies de l'atome d'hydrogène ?

Ces raies correspondent au retour vers un niveau inférieur d'électrons précédemment excités. Ces transitions se font par émission de photons dont l'énergie correspond exactement à la différence d'énergie entre les deux niveaux concernés. On obtient donc des séries de raies identifiables de différentes manières :

- en fonction de leur nom qui est celui du savant les ayant découvertes (série de Balmer, de Pfund, de Bracket, etc.) ;
- grâce à l'indication des différents niveaux d'énergie entre lesquels ont lieu les transitions ;
- par l'indication du domaine des ondes électromagnétiques dans lequel ces raies se situent.

Savants et date de découverte (noms des séries de raies)	n_x	n_y	Domaine d'émission
Lyman (1916)	1	2, 3, 4...	Ultraviolet
Balmer (1885)	2	3, 4, 5...	Visible
Paschen (1908)	3	4, 5, 6...	Infrarouge
Brackett (1922)	4	5, 6, 7...	Infrarouge
Pfund (1924)	5	6, 7, 8...	Infrarouge

Que signifie le fait que l'énergie de l'atome soit quantifiée ?

Cela signifie que l'électron ne peut occuper que certains niveaux d'énergie, et que seules des transitions entre ces niveaux d'énergie sont permises.

Qu'est-ce que l'équation de Schrödinger ?

Cette équation décrit l'électron dans l'atome. Ses solutions permettent de trouver les niveaux d'énergie que peut occuper l'électron et portent le nom d'orbitales atomiques.

Sa résolution est complexe, mais par une série d'approximation, il est possible d'exprimer ses solutions.

Les orbitales atomiques peuvent-elles être vides ?

Il est tout à fait normal de trouver des orbitales vides. Ces orbitales peuvent être ou non occupées en fonction de la répartition des électrons dans l'atome.

À quoi correspondent les quatre nombres quantiques ?

Les trois premiers nombres quantiques décrivent l'orbitale atomique (vide ou occupée). Le dernier, le spin, décrit l'électron dans son orbitale.

Le tableau ci-dessous résume la signification et les valeurs que peuvent prendre les trois premiers nombres quantiques.

	Nom	Valeurs	Signification
n	Principal *(couche)*	Entières 1, 2, 3...	Donne l'énergie de l'électron. On parle encore de couche électronique ou de niveau d'énergie. Il donne une idée du volume occupé par l'électron.
l	Secondaire ou azimutal *(sous couche)*	Toutes les valeurs entières de 0 à $n - 1$	Quantification du module du moment cinétique orbital. On utilise parfois le terme de sous-couche. Indique la forme de l'orbitale.
m	magnétique	Toutes les valeurs de $-l$ à $+l$	Quantification du vecteur de moment cinétique orbital. Orientation des orbitales atomiques. On parle aussi de case quantique.

Exercice 1.1 : Composition de l'atome

* Quelles informations pouvez-vous tirer de l'écriture internationale suivante $^{16}_{8}O$?

Remarque

Ne vous laissez par « endormir » par une question apparemment sans difficultés (voire sans intérêt), car au-delà des informations facilement accessibles données par cette écriture, il est possible de fournir des indications complémentaires plus fouillées.

Le nombre de charge Z est égal à 8, soit 8 protons formant le noyau.

Le nombre de masse est égal à 16, soit 16 nucléons dans le noyau ; il y a donc $16 - 8 = 8$ neutrons dans le noyau.

Cet atome fait partie de l'élément oxygène puisque le symbole est celui de cet élément, mais également parce que le numéro atomique vaut 8.

L'égalité du nombre de protons et de neutrons entraîne une stabilité de ce noyau qui indique une relative stabilité (caractère non radioactif de cet isotope).

La masse molaire est très proche de $16\ g \cdot mol^{-1}$.

Exercice 1.2 : Énergie des rayonnements électromagnétiques

* a. Calculer l'énergie associée aux ondes électromagnétiques suivantes : infrarouge, rouge orangé, bleu violet, ultraviolet, rayons X ($1 \cdot 10^{17}$ Hz), ondes hertziennes ($1 \cdot 10^{9}$ Hz), micro-ondes ($1 \cdot 10^{19}$ Hz).

b. Les classer par ordre croissant.

c. Que pouvez-vous dire de ce classement ?

Remarque
Revoyez les principales ondes électromagnétiques en situant parmi celles-ci quelques ondes caractéristiques, avec au minimum les ondes visibles, infrarouges et ultraviolettes. Ne confondez pas les longueurs d'onde avec les fréquences.

a. L'énergie est obtenue par l'application de la formule $E = h \cdot \nu = h \cdot \frac{C}{\lambda}$; les longueurs d'onde ou les fréquences non fournies doivent donc être connues. Pour les domaines de fréquences plus larges, on prendra une valeur moyenne ou une valeur « supérieure à » ou « inférieure à ».

Types de rayonnement	Longueur d'onde	Fréquence	Énergie
Infrarouge	> 800 nm	$< 3{,}75 \cdot 10^{14}$ Hz	$< 2{,}48 \cdot 10^{-19}$ J
Rouge orangé	700 nm	$4{,}3 \cdot 10^{14}$ Hz	$2{,}85 \cdot 10^{-19}$ J
Bleu violet	400 nm	$7{,}5 \cdot 10^{14}$ Hz	$4{,}97 \cdot 10^{-19}$ J
Ultraviolets	< 400 nm	$> 7{,}5 \cdot 10^{14}$ Hz	$> 4.97 \cdot 10^{-19}$ J
Rayons X	3 nm	$1 \cdot 10^{17}$ Hz	$6{,}62 \cdot 10^{-17}$ J
Ondes hertziennes	30 cm	$1 \cdot 10^{9}$ Hz	$6{,}62 \cdot 10^{-25}$ J
Micro-ondes	30 pm	$1 \cdot 10^{19}$ Hz	$6{,}62 \cdot 10^{-15}$ J

b. Le classement sera donc par ordre croissant d'énergie : ondes hertziennes, infrarouges, rouge orangé, bleu violet, ultraviolets, rayons X et micro-ondes.

c. On peut remarquer que ce classement suit la dangerosité des rayonnements, puisque plus un rayonnement est énergétique, et plus il est susceptible de causer des dommages, notamment au niveau cellulaire.

Exercice 1.3 : Série de Balmer

** a. Calculer les premières longueurs d'onde de la série de Balmer (niveau $n = 2$), et indiquer dans quel domaine des ondes électromagnétiques elles se situent.

b. Indiquer à partir de quel niveau de transition les raies basculent dans un autre domaine des ondes électromagnétiques.

a. Cette série de Balmer correspond aux transitions vers le niveau $n_x = 2$ depuis les niveaux supérieurs (à partir de $n_y = 3$).

On applique la formule de Ritz : $\frac{1}{\lambda} = R\left(\frac{1}{n_x^2} - \frac{1}{n_y^2}\right)$ avec $n_x = 2$ et $n_y = 3, 4, 5$ et 6.

On obtient alors les résultats suivants :

$n_y = 3$	$n_y = 4$	$n_y = 5$	$n_y = 6$
656,5 nm	486,3 nm	434,2 nm	410,3 nm

Toutes ces radiations appartiennent au domaine visible.

b. Ce n'est qu'à partir de la transition du niveau 7 vers le niveau 2 que l'on basculera dans le domaine des ultraviolets ; on calcule d'ailleurs une longueur d'onde de 397,2 nm.

Exercice 1.4 : Énergie d'ionisation

** a. Après avoir rappelé la définition de l'énergie d'ionisation, calculer cette dernière pour l'atome d'hydrogène.

b. Calculer la longueur d'onde et l'énergie du photon (en Joule et en eV) permettant d'ioniser l'atome d'hydrogène.

c. Que se passerait-il si cet atome d'hydrogène recevait un photon d'énergie 9 eV ?

a. L'énergie d'ionisation correspond à l'énergie nécessaire pour arracher l'électron de l'atome d'hydrogène. Elle est donc égale à l'inverse de l'énergie fondamentale de cet électron dans l'atome d'hydrogène.

Sachant que l'énergie de l'électron de l'atome d'hydrogène dans son état fondamental est de –13,6 eV, l'énergie d'ionisation est donc de 13,6 eV, soit $2{,}17 \cdot 10^{-18}$ J.

a. Pour apporter une telle énergie, il faut un photon de fréquence

$$\nu = \frac{E}{h} = \frac{2{,}17 \cdot 10^{-18}}{6{,}62 \cdot 10^{-34}} = 3{,}28 \cdot 10^{15} \text{ Hz}.$$

Le photon correspondant a donc une longueur d'onde égale à :

$$\lambda = \frac{C}{\nu} = \frac{3{,}00 \cdot 10^8}{3{,}28 \cdot 10^{15}} = 91{,}5 \text{ nm},$$

soit une radiation située dans le domaine des ultraviolets.

c. Tout photon d'énergie inférieure à 13,6 eV ne provoquera pas une ionisation de l'atome, mais seulement le passage de l'électron à un niveau supérieur, dont la différence d'énergie avec le niveau fondamental sera égale à 9 eV (s'il en existe une évidemment...).

Exercice 1.5 : Constante de Rydberg des hydrogénoïdes

*
**
*

Lors de l'étude du spectre de Li^{2+}, on obtient une série de raies. La longueur d'onde de la raie correspondant à la transition de 2 vers 1 est de$\lambda_{2 \to 1} = 13{,}6$ nm.

a. Calculer la valeur de la constante de Rydberg pour Li^{2+} appelée $R_{Li^{2+}}$.

b. Comparer cette valeur à celle de la constante de Rydberg pour l'hydrogène $R_H = 1{,}096 \cdot 10^7 \text{ m}^{-1}$, et la rapprocher du numéro atomique du lithium ($Z = 3$).

c. Calculer les longueurs d'onde des raies correspondant aux transitions des niveaux 3 et 4 vers 1. Dans quel domaine des ondes électromagnétiques sont-elles situées ?

Remarque

Il faut se souvenir que la valeur communément donnée pour la constante de Rydberg correspond à l'atome d'hydrogène. Pour les hydrogénoïdes, cette valeur est différente.

a. Par l'application de la formule de Ritz, on obtient $\sigma = R_{Li^{2+}} \left(\frac{1}{1^2} - \frac{1}{2^2} \right)$, soit

$$R_{Li^{2+}} = \frac{\sigma}{0{,}75} = \frac{\frac{1}{13{,}6 \cdot 10^{-9}}}{0{,}75} = 9{,}804 \cdot 10^7 \text{ m}^{-1}.$$

b. Nous constatons que la constante de Rydberg du lithium est environ neuf fois plus importante que celle de l'hydrogène. En utilisant le numéro atomique du lithium, on obtient la relation $R_X = R_H \cdot Z_X^2$.

c. Pour les transitions suivantes, on obtient :

$$\sigma_{3 \to 1} = \frac{1}{\lambda_{3 \to 1}} = R_{Li^{2+}} \left(\frac{1}{1^2} - \frac{1}{3^2} \right) \Rightarrow \lambda_{3 \to 1} = 11{,}5 \text{ nm}$$

$$\sigma_{4 \to 1} = \frac{1}{\lambda_{4 \to 1}} = R_{Li^{2+}} \left(\frac{1}{1^2} - \frac{1}{4^2} \right) \Rightarrow \lambda_{4 \to 1} = 10{,}9 \text{ nm}$$

Ces deux longueurs d'onde appartiennent au domaine des ultraviolets.

Exercice 1.6 : Étude de l'ion He^+

***

En croyant étudier le spectre de l'atome d'hydrogène, Pickering a découvert l'existence de l'ion He^+. Le spectre obtenu a montré qu'il s'agissait de la transition vers le niveau $n = 4$.

a. Calculer la constante de Rydberg de He^+ en utilisant la formule obtenue lors de l'exercice précédent.

b. Calculer les longueurs d'onde des premières raies de ce spectre.

c. Rapprocher ces valeurs de la série de Balmer de l'atome d'hydrogène, et expliquer ainsi l'erreur de Pickering.

a. Nous avons démontré lors de l'exercice précédent que :

$$R_{He^+} = R_H Z_{He}^2 = 1{,}096 \cdot 10^7 \times 2^2 = 4{,}384 \cdot 10^7 \text{ m}^{-1}.$$

b. Cette valeur nous permet de calculer les longueurs d'onde des premières raies par application de la formule de Ritz, soit :

$$\sigma_{5\to4} = \frac{1}{\lambda_{5\to4}} = R_{He^+}\left(\frac{1}{4^2} - \frac{1}{5^2}\right) \Rightarrow \lambda_{5\to4} = 1013{,}8 \text{ nm}$$
$$\sigma_{6\to4} = \frac{1}{\lambda_{6\to4}} = R_{He^+}\left(\frac{1}{4^2} - \frac{1}{6^2}\right) \Rightarrow \lambda_{6\to4} = 656{,}9 \text{ nm} \quad .$$
$$\sigma_{7\to4} = \frac{1}{\lambda_{7\to4}} = R_{He^+}\left(\frac{1}{4^2} - \frac{1}{7^2}\right) \Rightarrow \lambda_{7\to4} = 541{,}9 \text{ nm}$$

c. Les calculs dans la série de Balmer de l'atome d'hydrogène nous permettent d'obtenir par exemple :

$$\sigma_{3\to2} = \frac{1}{\lambda_{3\to2}} = R_H\left(\frac{1}{2^2} - \frac{1}{3^2}\right) \Rightarrow \lambda_{3\to2} = 656{,}9 \text{ nm}$$

Certaines des raies correspondent à celles de l'atome d'hydrogène, d'autres non. Il fallut plusieurs années pour comprendre que Pickering venait d'étudier l'ion He^+, encore inconnu à cette époque.

Atomes polyélectroniques. Classification périodique

2

Ce qu'il faut savoir

Comment trouver la configuration électronique d'un élément ?

Le moyen le plus simple est l'application de la règle dite de Klechkowski qui permet de retrouver sans mémorisation l'ordre des niveaux énergétiques. Cependant, vous devez comprendre que cette règle n'est qu'un moyen mnémotechnique pour éviter de calculer l'énergie de chaque niveau, et ainsi retrouver l'ordre de remplissage.

Voir notamment les exercices 1, 2 et 3.

Quels sont les principes qui régissent l'ordre de remplissage des niveaux électroniques ?

On considère qu'il existe trois principes fondamentaux qui permettent de comprendre le remplissage des orbitales électroniques au sein des atomes :

Principe de stabilité : les OA sont remplies par ordre croissant d'énergie.

Principe d'exclusion de Pauli : dans un même atome, il est impossible que des électrons aient le même quadruplet (n, l, m, s).

Principe de Hund : lorsque la possibilité existe, les électrons se placent dans les OA de même énergie en occupant le maximum d'orbitales, et forment des doublets dans la même orbitale uniquement lorsqu'il n'y a pas d'autres solutions.

Les électrons occupent donc les orbitales de même énergie en ayant un nombre de spins parallèles maximum.

Tous les atomes suivent-ils la règle de Klechkowski ?

Il existe environ une vingtaine d'exceptions à la règle de Klechkowski, dont les deux plus courantes sont le chrome et le cuivre.

Voir l'exercice 4.

Quelle est l'énergie d'un électron dans un atome polyélectronique ?

L'énergie d'un électron dépend à la fois du niveau d'énergie, donc de l'orbitale dans laquelle il se place, mais également de l'influence des autres électrons du nuage électronique. Il faut donc tenir compte de ces autres électrons ; à chaque fois qu'un électron supplémentaire apparaît, on calcule la constante d'écran σ des autres électrons vis-à-vis de celui-ci. Les règles dites de Slater permettent de calculer cette constante d'écran.

Grâce à cette valeur de constante d'écran, on peut calculer ce qu'on appelle la charge nucléaire effective Z^* qui vaut $Z^* = Z - \sigma$.

Groupe dont fait partie l'électron	$n' < n - 1$	$n' = n - 1$	$n' = n$	$n' > n$
1*s*			0,30	0
ns, np	1,00	0,85	0,35	0
nd	1,00	1,00	1,00 pour *s* et *p* 0,35 pour *d*	0
nf	1,00	1,00	1,00 pour *s, p, d* 0,35 pour *f*	0

Tableau donnant la contribution à la constante d'écran sur un électron du groupe n par un électron situé dans le groupe n'.

Par exemple, pour un électron externe de l'azote ($Z = 7$), la constante d'écran est exercée par 2 électrons de la couche 1*s*, et 4 électrons de la couche 2*s*, 2*p*. Donc

$$\sigma = (4 \times 0{,}35) + (2 \times 0{,}85).$$

Cette charge nucléaire effective permet de calculer l'énergie de l'électron considérée par la formule $E = -13{,}6 \cdot \dfrac{Z^{*2}}{n^{*2}}$.

La valeur de n^* est donnée dans le tableau ci-dessous.

n	1	2	3	4	5	6
n^*	1	2	3	3,7	4	4,2

Comment peut-on calculer le rayon d'une orbitale atomique ?

Le rayon d'une orbitale se calcule en appliquant la formule suivante :

$$r = a_0 \frac{n^{*2}}{Z^*}$$

en utilisant pour a_0 le rayon de l'atome de Bohr qui vaut 52,9 pm.

Comment est construit le tableau moderne de classification périodique ?

Le tableau actuel est basé sur une croissance du numéro atomique et sur l'organisation électronique des atomes dans les orbitales. On peut donc découper le tableau en blocs qui permettent de retrouver le remplissage des électrons :

1*s*		1*s*
2*s*		2*p*
3*s*		3*p*
4*s*	3*d*	4*p*
5*s*	4*d*	5*p*
6*s*	5*d*	6*p*
7*s*	6*d*	7*p*

4*f*
5*f*

On retrouve donc dans une même colonne les éléments ayant la même configuration de la couche électronique la plus externe.

Voir les exercices de la partie Classification périodique.

Exercice 2.1 : Configuration électronique des éléments chimiques

* a. Donner les configurations électroniques des éléments chimiques suivants : lithium ($Z = 3$), fluor ($Z = 9$), magnésium ($Z = 12$), aluminium ($Z = 13$).

b. Indiquer quel ion le plus probable ces atomes peuvent engendrer.

c. Il existe deux possibilités de former des ions pour l'aluminium. Indiquer lesquelles et préciser laquelle est la plus courante.

a. On obtient par application de la règle de Klechkowski :

Lithium : $1s^2, 2s^1$.

Fluor : $1s^2, 2s^2, 2p^5$.

Magnésium : $1s^2, 2s^2, 2p^6, 3s^2$.

Aluminium : $1s^2, 2s^2, 2p^6, 3s^2, 3p^1$.

On peut aussi adopter la représentation simplifiée suivante :

Lithium : [He] $2s^1$.

Fluor : [He] $2s^2, 2p^5$.

Magnésium : [Ne] $3s^2$.

Aluminium : [Ne] $3s^2, 3p^1$.

b. La formation d'un ion correspond à un gain de stabilité pour l'atome ; cela peut se faire en obtenant des couches (ou des orbitales) saturées, c'est-à-dire soit en gagnant, soit en perdant des électrons.
Pour les éléments donnés, on obtient l'ion :
Lithium Li^+ : $1s^2$.
Fluorure F^- : $1s^2$, $2s^2$, $2p^6$.
Magnésium Mg^{2+} : $1s^2$, $2s^2$, $2p^6$.
Aluminium Al^{3+} : $1s^2$, $2s^2$, $2p^6$.

c. On remarque pour l'aluminium la possibilité de ne perdre qu'un seul électron, c'est-à-dire de vider l'orbitale $3p$. Il y aura alors formation de l'ion Al^+. Cet ion sera moins stable que Al^{3+}, mais existe néanmoins naturellement.

Exercice 2.2 : Configuration électronique du Baryum

* a. Rappeler les règles de remplissage des niveaux électroniques des atomes.

b. Donner la configuration électronique du baryum ($Z = 56$).

a. La règle la plus appliquée pour retrouver l'ordre des niveaux énergétiques est la règle dite de Klechkowski. Cependant, elle n'est qu'un moyen mnémotechnique. Elle est elle-même basée sur l'application des trois principes de base, à savoir :

- Principe de stabilité : les OA sont remplies par ordre croissant d'énergie.
- Principe d'exclusion de Pauli : dans un même atome, il est impossible que des électrons aient le même quadruplet (n, l, m, s).
- Principe de Hund : lorsque la possibilité existe, les électrons se placent dans les OA de même énergie en occupant le maximum d'orbitales et forment des doublets dans la même orbitale, uniquement lorsqu'il n'y a pas d'autres solutions.

b. Lorsque l'on atteint de telles valeurs du numéro atomique, il vaut mieux utiliser la représentation simplifiée, soit [Xe] $6s^2$.

Exercice 2.3 : Numéro atomique de l'iode

* Sachant que l'iode est un halogène tout comme le fluor ($Z = 9$), et que le dernier niveau rempli correspond au nombre quantique principal $n = 5$, donner le numéro atomique de l'iode.

Nous savons que tous les Halogènes possèdent une structure présentant 5 électrons sur l'orbitale la plus externe. De plus, on nous annonce que l'orbitale de nombre quantique le plus grand est 5.

Il suffit donc d'appliquer la règle de Klechkowski jusqu'à obtenir la configuration voulue, soit : $1s^2$, $2s^2$, $2p^6$, $3s^2$, $3p^6$, $3d^{10}$, $4s^2$, $4p^6$, $4d^{10}$, $5s^2$, $5p^5$.

En comptant le nombre d'électrons dans la configuration électronique de l'iode, on obtient $Z = 53$.

Exercice 2.4 : Exceptions aux règles de remplissage

* On indique que le chrome ($Z = 24$) et le cuivre ($Z = 29$) ont tous les deux une configuration électronique en $4s^1$.

Indiquer en quoi ces configurations constituent des exceptions aux règles de remplissage (on donnera notamment les configurations telles qu'on aurait dû les obtenir par l'application stricte des règles).

Remarque
On compte en effet près d'une vingtaine d'exceptions aux règles de remplissage, le chrome et le cuivre étant les deux premières. Ce sont en général les deux principales à connaître.

D'après les indications fournies, on ne peut obtenir que les configurations suivantes :
Pour le chrome : $1s^2$, $2s^2$, $2p^6$, $3s^2$, $3p^6$, $3d^5$, $4s^1$ au lieu de $3d^4$, $4s^2$.
Pour le cuivre : $1s^2$, $2s^2$, $2p^6$, $3s^2$, $3p^6$, $3d^{10}$, $4s^1$ au lieu de $3d^9$, $4s^2$.

Exercice 2.5 : Exceptions aux règles de remplissage

* On s'intéresse à un atome de titane.

a. Trouver la configuration électronique du titane ($Z = 22$).

b. Démontrer que l'orbitale $4s$ se remplit avant l'orbitale $3d$.

c. Calculer l'énergie de première ionisation de l'atome de titane.

a. Le numéro atomique du titane étant $Z = 22$, il possède donc 22 électrons dans son nuage électronique. Sa configuration est donc en $1s^2\ 2s^2\ 2p^6\ 3s^2\ 3p^6\ 4s^2\ 3d^2$.

b. Il faut calculer tout d'abord l'énergie des électrons dans la configuration en $4s^2\ 3d^2$, puis celle des électrons dans la configuration $3d^4\ 4s^0$. Il n'est pas utile de calculer l'énergie des orbitales de cœur, puisqu'elles sont de structures identiques quelle que soit la configuration étudiée.

Remarque
Il est en effet inutile de calculer l'énergie des électrons occupant les orbitales de cœur, puisque leur structure est identique. En revanche, lors du calcul des constantes d'écran, il faut évidemment tenir compte des électrons de ces orbitales.

• Configuration du titane en $4s^2\ 3d^2$:

Calculons la constante d'écran subie par l'électron $4s$:

$$\sigma_{4s} = (1 \times 0{,}35) + (10 \times 0{,}85) + (10 \times 1) = 18{,}85.$$

Puis sa charge nucléaire effective $Z^*_{4s} = 22 - 18{,}85 = 3{,}15$.
Nous pouvons alors calculer l'énergie de l'électron $4s$:

$$E_{4s} = -13{,}6\frac{\left(Z^*_{4s}\right)^2}{(n^*)^2} = -13{,}6\frac{(3{,}15)^2}{(3{,}7)^2} = -9{,}86 \text{ eV}$$

De la même manière, nous calculons l'énergie d'un électron dans l'orbitale $3d$:

$$\sigma_{3d} = (1 \times 0{,}35) + (8 \times 1{,}00) + (10 \times 1) = 18{,}35.$$

La charge nucléaire effective vaut donc $Z^*_{3d} = 22 - 18{,}35 = 3{,}65$.
Ce qui donne l'énergie de l'électron en $3d$:

$$E_{3d} = -13{,}6\frac{\left(Z^*_{3d}\right)^2}{(n^*)^2} = -13{,}6\frac{(3{,}65)^2}{(3)^2} = -20{,}13 \text{ eV}.$$

Dans l'hypothèse d'une configuration en $4s^2\ 3d^2$, l'énergie orbitalaire est donc de :

$$(2 \times -9{,}86) + (2 \times -20{,}13) = -59{,}98 \text{ eV}.$$

• Configuration du titane en $3d^4\ 4s^0$:

Calculons la constante d'écran subie par l'électron $3d$:

$$\sigma_{3d} = (3 \times 0{,}35) + (8 \times 1) + (10 \times 1) = 19{,}05.$$

Puis sa charge nucléaire effective $Z^*_{3d} = 22 - 19{,}05 = 2{,}95$.
Nous pouvons alors calculer l'énergie de l'électron $3d$:

$$E_{3d} = -13{,}6\frac{\left(Z^*_{3d}\right)^2}{(n^*)^2} = -13{,}6\frac{(2{,}95)^2}{(3)^2} = -13{,}15 \text{ eV}$$

Dans l'hypothèse d'une configuration en $3d^4$, il y a quatre électrons sur cette orbitale $3d$, ce qui donne une énergie orbitalaire de $4 \times -13{,}15 = -52{,}6$ eV.
Nous constatons que la configuration en $4s^2\ 3d^2$ est plus stable que celle en $3d^4$ $4s^0$. Cela explique le remplissage de l'orbitale $4s$ avant celui de l'orbitale $3d$.

c. L'énergie d'ionisation correspond à l'énergie nécessaire pour arracher l'un des deux électrons de l'orbitale de valence, ici l'orbitale $4s$. Elle se détermine en calculant l'énergie de l'ion correspondant à la perte d'un seul électron, et en lui enlevant l'énergie de l'atome dont il est issu (qui correspond à la somme des énergies de l'ensemble de ses électrons).

Comme seule la couche de valence est concernée par la formation de l'ion, on se contente souvent, plutôt que de calculer l'énergie de l'ensemble des électrons, de calculer l'énergie de l'ensemble des électrons de cette seule souche de valence ; on parle alors d'énergie orbitalaire.

Il faut donc calculer l'énergie orbitalaire des deux électrons en 4*s* de l'atome de titane Ti (déjà réalisé à la question précédente), et calculer l'énergie de l'électron 4*s* de l'atome de titane Ti^+. L'énergie de première ionisation sera alors la différence entre ces deux énergies orbitalaires.

Nous obtenons facilement l'énergie orbitalaire de l'orbitale 4*s* du titane, puisque nous avons déjà calculé l'énergie de l'électron de cette orbitale ; ce qui donne :

$$E\text{orb}_{\text{Ti}} = 2 \times E_{4s} = 2 \times -9{,}86 = -19{,}72 \text{ eV}.$$

Calculons maintenant l'énergie de l'électron de l'orbitale 4*s*, mais maintenant de l'ion Ti^+.

La constante d'écran subie par l'électron 4*s* :

$$\sigma_{4s(\text{Ti}^+)} = (10 \times 0{,}85) + (10 \times 1) = 18{,}5.$$

Puis sa charge nucléaire effective $Z^* = 22 - 18{,}5 = 3{,}5$.

Nous pouvons alors calculer l'énergie de l'électron 4*s* de l'ion Ti^+ :

$$E_{4s(\text{Ti}^+)} = -13{,}6\frac{(Z^*)^2}{(n^*)^2} = -13{,}6\frac{(3{,}5)^2}{(3{,}7)^2} = -12{,}17 \text{ eV}.$$

Cette énergie est identique à l'énergie orbitalaire puisque l'ion Ti^+ ne dispose que d'un seul électron sur son orbitale 4*s* : $E\text{orb}_{\text{Ti}^+} = -12{,}17$ eV.

L'énergie d'ionisation est donc :

$$E\text{i} = E\text{orb}_{\text{Ti}^+} - E\text{orb}_{\text{Ti}} = -12{,}17 - (-19{,}72) = 7{,}55 \text{ eV}.$$

Exercice 2.6 : Étude de l'argent (d'après Agrégation)

* *

a. Donner la structure électronique de l'atome d'argent ($Z = 47$). Justifier l'anomalie de remplissage observée.

b. Calculer le rayon atomique de l'argent.

a. La configuration de l'argent est de $1s^2\ 2s^2\ 2p^6\ 3s^2\ 3p^6\ 4s^2\ 3d^{10}\ 4p^6\ 4d^{10}\ 5s^1$, ce qui constitue une exception à la règle de Klechkowski.

Nous aurions pu nous attendre à une configuration en $1s^2\ 2s^2\ 2p^6\ 3s^2\ 3p^6\ 4s^2\ 3d^{10}\ 4p^6\ 4d^9\ 5s^2$.

Cette anomalie provient du gain de stabilité dû au remplissage complet de l'orbitale 4*d*.

b. Le rayon de l'argent se calcule en déterminant le rayon de l'orbitale de valence de l'argent, l'orbitale 5*s*.

Nous appliquons la formule $r = a_0\frac{n^{*2}}{Z^*}$.

Déterminons la constante d'écran de l'électron en 5*s* :

$$\sigma_{5s} = (18 \times 0{,}85) + (28 \times 1) = 43{,}3.$$

Nous obtenons donc une charge nucléaire effective : $Z^*_{5s} = 47 - 43{,}3 = 3{,}7$.
Cela nous donne l'énergie de l'électron en 5s :

$$E_{4s(\mathrm{Ti}^+)} = -13{,}6\frac{(Z^*)^2}{(n^*)^2} = -13{,}6\frac{(3{,}7)^2}{(4)^2} = -11{,}64 \text{ eV}.$$

Le rayon de l'atome nous donne alors $r = a_0\dfrac{n^{*2}}{Z^*} = 52{,}9\dfrac{4^2}{3{,}7} = 228{,}76$ pm.

Exercice 2.7 : Évolution des énergies d'ionisation

** Les énergies de première et deuxième ionisation (en électronvolts) des éléments de la deuxième période sont :

	Li	Be	B	C	N	O	F	Ne
Numéro atomique Z	3	4	5	6	7	8	9	10
Énergie de première ionisation	5,32	9,32	8,29	11,26	14,53	13,62	17,42	21,56
Énergie de deuxième ionisation	75,63	18,21	25,15	24,38	29,60	35,11	34,97	40,96

a. Commenter l'évolution générale, en fonction du numéro atomique, des énergies de première ionisation observées.

b. Commenter les valeurs « surprenantes » de l'énergie de première ionisation du bore et de l'oxygène.

c. Pour un même atome, l'énergie de deuxième ionisation est plus importante que l'énergie de première ionisation. Expliquer l'origine de cette différence.

d. Vérifier la valeur de l'énergie d'ionisation de l'atome du lithium.

a. Dans une même période de la classification périodique, la charge nucléaire effective augmente, puisque Z augmente. Les électrons périphériques sont donc plus attirés par le noyau, d'où une énergie de plus en plus importante pour pouvoir les arracher.

b. D'après les configurations électroniques, l'ion B^+ et l'ion O^- auraient une orbitale à moitié remplie, ce qui apporte un gain de stabilité en diminuant leur énergie.

c. L'ion formé lors de la première ionisation entraîne un déficit de charges électroniques par rapport à la charge du noyau ; il y a donc une « contraction » du volume du nuage électronique, ce qui rend d'autant plus difficile l'arrachement d'un second électron. L'énergie nécessaire est donc beaucoup plus importante.

d. Calculons la différence d'énergie entre l'ion lithium et l'atome de lithium.
– Pour l'atome de lihium : $1s^2$, $2s^1$.
– Pour l'ion lithium : $1s^2$.

Calculons l'énergie de l'électron sur l'orbitale $2s$ pour l'atome de lithium :

Constante d'écran : $\sigma_{2s} = (2 \times 0{,}85) = 1{,}7$.

Charge nucléaire effective : $Z^*_{2s} = 3 - 1{,}7 = 1{,}3$.

Énergie : $E_{2s} = -13{,}6\dfrac{\left(Z^*_{2s}\right)^2}{(n^*)^2} = -13{,}6\dfrac{(1{,}3)^2}{(2)^2} = -5{,}74$ eV.

Pour l'ion lithium, l'orbitale $2s$ est vide, ce qui simplifie le calcul ; l'énergie d'ionisation est donc de :

$$Ei = E\text{orb}_{\text{Li}^+} - E\text{orb}_{\text{Li}} = -(-5{,}74) = 5{,}74 \text{ eV}.$$

Valeur proche de la valeur de celle donnée dans le tableau.

Exercice 2.8 : Famille des halogènes

* a. Donner la configuration électronique de l'ensemble des halogènes : F (Z = 9), Cl (Z = 17), Br (Z = 35) et I (Z = 53).

b. Confirmer l'appartenance de ces éléments à la même famille chimique.

c. Quel type d'ion engendrent-ils ?

a. On applique la règle de Klechkowski, et l'on obtient :
Fluor : $1s^2, 2s^2, 2p^5$.
Chlore : $1s^2, 2s^2, 2p^6, 3s^2, 3p^5$.
Brome : $1s^2, 2s^2, 2p^6, 3s^2, 3p^6, 3d^{10}, 4s^2, 4p^5$.
Iode : $1s^2, 2s^2, 2p^6, 3s^2, 3p^6, 3d^{10}, 4s^2, 4p^6, 4d^{10}, 5s^2, 5p^5$.

b. Nous observons que l'ensemble de ces éléments chimiques ont la même configuration externe en np^5. Cette similitude va engendrer des propriétés chimiques proches.

c. Tous ces éléments engendreront des ions halogénures par gain d'un seul électron, ce qui leur permettra de saturer leur orbitale np, et donc de gagner en stabilité.

Exercice 2.9 : Place d'un élément chimique

** Donner le numéro atomique de l'élément sélénium sachant qu'il fait partie de la famille de l'oxygène ($Z = 8$) et qu'il appartient à la même période que le krypton ($Z = 36$).

L'oxygène a une configuration en $1s^2, 2s^2, 2p^4$. Le sélénium aura donc une configuration identique pour ses orbitales externes.

Le krypton a lui une configuration électronique en $1s^2, 2s^2, 2p^6, 3s^2, 3p^6, 3\text{d}^{10}, 4s^2, 4p^6$. Sa couche de nombre quantique le plus élevé est 4.

Nous déduisons donc que le sélénium à une structure de couche externe en 4p^4.

Sa configuration électronique complète est donc $1s^2$, $2s^2$, $2p^6$, $3s^2$, $3p^6$, $3d^{10}$, $4s^2$, $4p^4$. Son numéro atomique est donc de $Z = 34$.

Exercice 2.10 : Ions isoélectriques

** On s'intéresse à deux ions isoélectriques (c'est-à-dire possédant le même nombre d'électrons dans leur nuage électronique) X^+ et Y^{2+}.

a. Quelle relation y a-t-il entre leurs numéros atomiques ?

b. Dans quelle(s) colonne(s) de la classification périodique sont-ils situés ?

c. Si leurs tailles sont différentes, lequel de ces deux ions est le plus volumineux ?

d. Que peut-on dire de leur électronégativité ?

Remarque

Le terme isoélectrique est problématique, et doit être interprété comme des ions présentant le même nombre d'électrons dans leurs structures électroniques.

a. Puisque ces deux ions ont le même nombre d'électrons dans leur couche externe, et qu'ils présentent une charge qui ne diffère que par la perte d'un seul électron, on en déduit que Y avait un électron de plus que X avant de former l'ion. La relation entre leur numéro atomique est donc que $Z_Y = Z_X + 1$.

b. D'après la réponse précédente, on sait que ces deux éléments X et Y sont dans deux colonnes adjacentes de la classification. Vu la charge des ions, nous pouvons préciser qu'il s'agit des deux premières colonnes.

c. Y^{2+} est moins volumineux que X^+, car le noyau de Y contenant un proton de plus que celui de X, attire plus à lui le nuage électronique.

d. Y étant à droite de X, on en déduit que Y est plus électronégatif que X.

Exercice 2.11 : Les alcalino-terreux

** a. Sachant que le calcium fait partie de la famille des alcalino-terreux (deuxième famille après celle des alcalins) dont il est le troisième représentant, donner son numéro atomique.

b. Donner la configuration de l'ion calcium.

c. Donner la configuration électronique de l'élément de numéro atomique $Z = 38$. Conclure sur son appartenance éventuelle à la famille des alcalino-terreux.

a. Étant dans la deuxième colonne, la structure du calcium est en ns^2.

Étant le troisième représentant de la famille, il se situe dans la quatrième période, donc $n = 4$.

Nous en déduisons donc que la structure de la couche externe du calcium est $4s^2$.

Ce qui nous donne donc pour sa configuration complète : $1s^2$, $2s^2$, $2p^6$, $3s^2$, $3p^6$, $4s^2$. Le numéro atomique du calcium est donc $Z = 20$.

b. L'ion calcium se forme grâce à la perte des deux électrons de l'orbitale $4s$, ce qui permet d'obtenir la dernière couche saturée. On a donc la formation de l'ion calcium Ca^{2+}.

c. D'après la règle de Klechkowski, on obtient : $1s^2$, $2s^2$, $2p^6$, $3s^2$, $3p^6$, $3d^{10}$, $4s^2$, $4p^6$, $5s^2$.

Nous retrouvons bien la structure des alcalino-terreux en ns^2 des alcalino-terreux. Nous pouvons donc dire que cet élément fait bien partie de cette famille dont il sera le quatrième représentant ($n = 5$).

Exercice 2.12 : Électronégativité

**

On désire mesurer l'électronégativité dans l'échelle de Mulliken.

a. Définir l'électronégativité.

b. Rappeler la formule permettant le calcul de cette électronégativité dans l'échelle de Mulliken. Préciser la signification de l'ensemble des termes de l'expression littérale.

c. Citer les deux autres échelles d'électronégativité.

d. Sachant que l'énergie de première ionisation du phosphore est de 10,9 eV et son affinité électronique de 0,74 eV, calculer son électronégativité.

e. Comment évolue cette électronégativité au long de la classification périodique ? Indiquer quel est l'élément le plus électronégatif.

a. L'électronégativité est la propriété que possède un élément d'attirer à lui les électrons.

b. L'électronégativité dans l'échelle de Mulliken est donnée par la relation : $\chi = \dfrac{E_1 + A_E}{2}$ où E_I représente l'énergie de première ionisation et A_E l'affinité électronique.

c. Nous pouvons citer l'échelle de Pauling basée sur les énergies de liaison, et l'échelle d'Allred Rochow basée sur le rayon covalent et la charge nucléaire effective.

d. Le calcul nous amène donc à $\dfrac{10{,}9 + 0{,}74}{2} = 5{,}82$.

e. Nous savons que l'électronégativité diminue en parcourant une colonne et augmente en parcourant une période : l'élément le plus électronégatif est donc le fluor.

Rappelons au passage que les gaz nobles n'ont pas d'électronégativité.

Exercice 2.13 : Rayons atomiques

*
*

a. Définir le rayon atomique.

b. Attribuer, en la justifiant, la bonne valeur du rayon atomique de ces différents éléments : oxygène ($Z = 8$), fluor ($Z = 9$), chlore ($Z = 17$), soufre ($Z = 16$), aluminium ($Z = 13$).

Rayons atomiques : 65 pm, 182 pm, 109 pm, 57 pm, 97 pm.

a. Soit une molécule de type A_2 (formée par la liaison des deux mêmes atomes), le rayon atomique est défini comme étant égal à la moitié de la distance entre les deux atomes dans la molécule.

b. On sait que le rayon atomique croît dans une même famille (en descendant suivant une colonne) et diminue le long d'une période (en parcourant une ligne).

L'aluminium est donc l'atome le plus volumineux, puis vient le soufre et, enfin, le chlore ; dans la période précédente, on obtient d'abord l'oxygène puis le fluor. Nous pouvons donc compléter le tableau suivant.

Aluminium	Soufre	Chlore	Oxygène	Fluor
182 pm	109 pm	97 pm	65 pm	57 pm

Exercice 2.14 : Famille des halogènes (d'après Mines et Ponts, 2004)

*
*
*

La famille des halogènes

a. Donner la configuration électronique de l'atome de brome dans son état fondamental. Même question pour l'ion bromure. On indiquera et l'on explicitera les règles utilisées.

b. Les halogènes (notés X) forment des molécules homonucléaires du type X_n ; quelle est la valeur privilégiée de n ? Proposer une justification simple.

c. Les atomes d'halogène sont-ils fortement ou faiblement électronégatifs ? Déduire une conséquence directe de ce phénomène.

d. Comment évoluent les rayons atomiques au sein de cette famille ? Justifier simplement.

e. Définir l'énergie d'ionisation d'un atome. Proposer une justification simple à l'évolution observée des valeurs des énergies d'ionisation au sein de la famille des halogènes.

L'étude de l'électronégativité des halogènes

f. Rappeler sans calcul le classement par électronégativité de Pauling décroissante des éléments H, F, Cl, Br et I.

g. Établir un nouveau classement par électronégativité décroissante suivant l'échelle de Mulliken.

h. Confronter électronégativité de Mulliken et électronégativité de Pauling. Commenter les limites du raisonnement précédent.

	H	F	Cl	Br	I
Z	1	9	17	35	53
E_I (eV)	13,6	17,4	13,0	11,8	10,5
A_E (eV)	0,8	3,5	3,5	3,4	3,0

E_I : énergie d'ionisation ; A_E : affinité électronique.

a. La configuration est donnée par la règle de Klechkowski.

Nous obtenons pour l'atome de brome $1s^2$, $2s^2$, $2p^6$, $3s^2$, $3p^6$, $3d^{10}$, $4s^2$, $4p^5$.

L'ion bromure correspond au gain d'un électron dans l'orbitale $4p$ pour saturer cette couche et ainsi acquérir la configuration du gaz rare qui suite le brome dans la classification périodique, à savoir le Krypton.

La configuration électronique de l'ion bromure est donc : $1s^2$, $2s^2$, $2p^6$, $3s^2$, $3p^6$, $3d^{10}$, $4s^2$, $4p^6$.

b. La valence des halogènes étant de 1 (ils disposent d'un seul électron célibataire sur leur orbitale p), il est logique d'obtenir des molécules biatomiques formées par la liaison de deux atomes d'halogènes. n vaut donc 2.

c. De par leur position dans la classification périodique, on en déduit que ces éléments sont fortement électronégatifs. Ils ont donc une forte tendance à attirer à eux les électrons, et vont donc polariser les liaisons dans lesquelles ils seront engagés.

d. En se déplaçant dans une même famille, les rayons atomiques augmentent fortement. En effet, à chaque changement de période, le numéro atomique de la couche externe augmente, donc le rayon augmente.

e. Il s'agit de l'énergie nécessaire pour arracher un électron à un atome pris à l'état gazeux.

On constate que l'énergie d'ionisation diminue en se déplaçant dans la famille : les atomes étant de moins en moins électronégatifs, ils retiennent de moins en moins leurs électrons, et il est donc de plus en plus facile de les arracher.

Le même raisonnement peut être tenu à l'aide de la charge nucléaire effective et de la constante d'écran ; en changeant de couche, les couches internes ont un effet d'écran très important. Le noyau retient donc beaucoup moins la couche externe, et il est donc plus facile de lui arracher un électron.

f. L'électronégativité diminue bien le long de la famille des halogènes. Quant à l'atome d'hydrogène, son électronégativité a été choisie par convention dans l'échelle de Pauling comme étant de 2,1.
Le classement est donc F > Cl > Br > I > H.

g. Grâce aux valeurs fournies dans le tableau, nous calculons l'électronégativité dans l'échelle de Mulliken, ce qui nous donne :

	H	F	Cl	Br	I
Z	1	9	17	35	53
E_I (eV)	13,6	17,4	13,0	11,8	10,5
A_E (eV)	0,8	3,5	3,5	3,4	3,0
Électronégativité	7,2	10,45	8,25	7,6	6,75

Nous constatons que l'hydrogène a une électronégativité supérieure à celle de l'iode dans cette échelle de Mulliken. En revanche, nous obtenons bien le même classement au sein de la famille des halogènes.

h. Nous constatons ainsi que ces échelles d'électronégativité sont des modèles pouvant présenter des « défauts », et donc des variations les unes avec les autres.

Exercice 2.15

** **Propriétés atomiques du magnésium (d'après Mines d'Albi, 2003)**

a. Le numéro atomique du magnésium est $Z = 12$. Indiquer sa configuration électronique dans l'état fondamental et en déduire sa position (numéros de ligne et de colonne) dans la classification périodique.

Le tableau ci-dessous regroupe quelques propriétés atomiques du magnésium et d'éléments issus de la même colonne de la classification périodique. Il s'agit du numéro atomique (Z), du rayon atomique ($r_{atomique}$), du rayon ionique du cation M^+ ($r_{ionique}$), des énergies de première et de deuxième ionisation de l'atome (E_1 et E_2), du potentiel redox standard du couple M^{2+}/M ($E°(M^{2+}/M)$).

	Be	Mg	Ca	Sr	Ba
Z	4	12	20	38	56
$r_{atomique}$ (pm)	85	150	180	200	215
$r_{ionique}$ (pm)	44	82	118	132	153
E_1	9,32	7,64	6,11	5,69	5,21
E_2	18,21	15,03	11,87	10,98	9,95
$E°(M^{2+}/M)$	– 1,85	– 2,37	– 2,87	– 2,90	– 2,91

b. En comparant les rayons atomiques, justifier l'évolution de l'énergie de première ionisation du béryllium (Be) au baryum (Ba).

c. Justifier que, pour chaque atome, $E_2 > E_1$.

d. Des cinq éléments présentés dans ce tableau, lequel est le moins électronégatif ? Justifier à l'aide des données du tableau.

a. La configuration est donnée par la règle de Klechkowski. Nous obtenons donc pour l'atome de magnésium $1s^2$, $2s^2$, $2p^6$, $3s^2$.
Le nombre quantique principal de la couche externe du magnésium étant $n = 3$, nous en déduisons que cet élément se situe dans la troisième période de la classification périodique.
La structure en $3s^2$ nous indique que le magnésium se situe dans la deuxième colonne de la classification : c'est donc un alcalino-terreux.

b. Les rayons atomiques augmentent en parcourant une famille chimique, car nous avons une couche supplémentaire à chaque élément. Les électrons externes étant donc moins retenus par la charge du noyau, les couches internes faisant écran, il est de plus en plus facile d'arracher un électron. L'énergie d'ionisation diminue donc du béryllium au baryum.

c. L'ion formé lors de l'arrachage du premier électron présente un excès de charges positives dans le noyau par rapport à l'ensemble des charges négatives du nuage électronique. Le rayon du cation subit ainsi une forte contraction par rapport à celui de l'atome correspondant. Les électrons sont de ce fait plus attirés par le noyau, et il est alors plus difficile de les arracher. L'énergie de deuxième ionisation est donc toujours supérieure à celle de première ionisation.

d. L'électronégativité caractérise la propriété d'un élément à attirer à lui les électrons négatifs. Nous constatons que le baryum est l'élément qui attire le moins les électrons, comme le démontrent plusieurs données numériques :
– grand rayon atomique ;
– faibles énergies de première et de deuxième ionisation.
Il est donc l'élément qui possède l'électronégativité la plus faible.

Structure de Lewis. Théorie VSEPR

3

Ce qu'il faut savoir

Comment déterminer la formule de Lewis d'un composé ?

Vous devez tout d'abord déterminer la structure de la couche la plus externe de chaque atome en donnant sa configuration électronique. Grâce à la formule brute, vous essayez de définir quels sont les atomes qui sont liés entre eux (ce n'est en général pas très complexe). Essayez ensuite de comprendre comment chaque atome a pu saturer sa couche externe en se liant à d'autres atomes, éventuellement en effectuant des réarrangements d'électrons sur leurs orbitales (promotion de valence), ou en plaçant des charges formelles sur certains atomes.

N'oubliez pas, si nécessaire, de placer les doublets non liants sur les atomes.

La théorie VSEPR utilise-t-elle la formule de Lewis ?

Il est évident que si vous ne possédez pas la formule de Lewis, vous ne pourrez pas savoir combien de doublets non liants, ou d'atomes, l'atome central doit repousser. Sans ces informations, il vous sera impossible de trouver le type de structure dans la théorie VSEPR, et donc de déterminer correctement la structure tridimensionnelle de la molécule.

On applique ensuite la théorie :

$$AX_nE_m$$

A : atome central autour duquel on étudie la géométrie.

X : atome(s) directement lié(s) à l'atome A.

n : nombre d'atome(s) X lié(s) à A.

E : doublet(s) non liant(s) porté(s) par A.

m : nombre de doublet(s) non liant(s) porté(s) par A.

Quels types de liaisons chimiques existe-t-il ?

La liaison chimique résulte de l'établissement d'un doublet électronique entre deux atomes. Si le doublet résulte de la mise en commun de deux électrons, chacun appartenant à un atome, on obtient une liaison de covalence. Si le doublet provient uniquement de l'un des atomes et se place dans une orbitale vide de l'autre atome, la liaison est dite de coordinence (ou dative, ou liaison donneur-accepteur).

Une fois établie, la liaison peut être polarisée si les atomes participant à la liaison sont d'électronégativité différente.

Comment utiliser la promotion de valence ?

Le phénomène de promotion de valence (ou hypervalence) permet à un atome de répartir ses électrons sur des orbitales différemment des règles classiques. Il ne peut cependant le faire que si les orbitales sont très proches énergétiquement ; pour les premiers niveaux, cela revient à dire que la promotion de valence ne peut se faire que sur des orbitales de nombre quantique principal identique.

Grâce à ce phénomène, un atome peut voir sa valence augmenter en répartissant par exemple des électrons de doublets non liants dans des orbitales vides, ce qui lui permet de disposer d'électrons célibataires supplémentaires.

Comment représenter correctement une molécule tridimensionnelle en deux dimensions ?

Le schéma en deux dimensions d'une molécule en trois dimensions pose toujours quelques problèmes. Utilisez pour cela la représentation de Cram qui permet de distinguer les liaisons dans le plan de la feuille, de celles dirigées vers l'avant ou vers l'arrière. Cependant, faites toujours attention à ce que le schéma de la molécule une fois dessinée représente, le plus fidèlement possible, la forme réelle de celle-ci.

Ne peut-il pas y avoir confusion entre une charge formelle négative et un doublet non liant ?

La confusion est effectivement fréquente entre un doublet non liant représenté par un trait et une charge négative, elle aussi représentée par un trait. Vous pouvez éviter cela en entourant vos charges d'un cercle, et en laissant les doublets non liants tel quel.

Exercice 3.1 : L'élément carbone (d'après Mines et Ponts, 2006)

* a. Donner la configuration de l'élément carbone ($Z = 6$).

b. Citer deux isotopes du carbone et donner la structure de leurs noyaux.

c. On indique souvent que la valence du carbone est de 4. Qu'en pensez-vous en observant sa configuration électronique ?

d. Donner la structure de Lewis du méthane CH_4 ainsi que sa représentation spatiale.

e. Faire de même pour les deux oxydes du carbone (le monoxyde de carbone CO et le dioxyde de carbone CO_2), ainsi que pour les ions carbonates CO_3^{2-}. On donne le numéro atomique de l'oxygène $Z = 8$.

a. On obtient : $1s^2$, $2s^2$, $2p^2$.

b. On peut penser à l'isotope 13$^{13}_{6}$C et 14 du carbone$^{14}_{6}$C .
Le premier contient 6 protons et 7 neutrons, le second 6 protons et 8 neutrons.

c. La valence du carbone est normalement de 2, mais atteint 4 par une promotion de valence dans les orbitales 2*p*.

d. La structure de Lewis est classique, et la représentation spatiale de type tétraédrique :

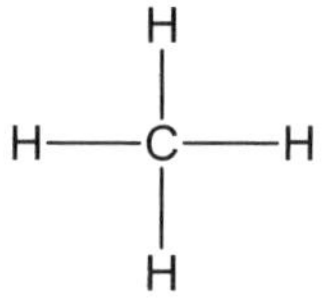

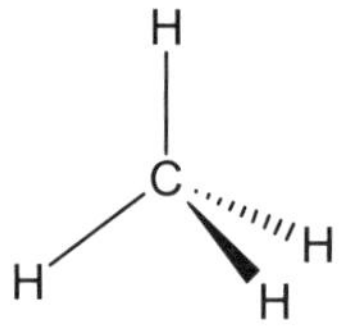

e. Dans le monoxyde de carbone, l'atome de carbone a une valence de 2, alors que dans le dioxyde de carbone, sa valence est de 4.

Ces deux molécules sont évidemment linéaires.
Nous pouvons cependant trouver pour le monoxyde de carbone un mésomère de plus fort poids dans lequel l'atome de carbone satisfera à la règle de l'octet :

La valence est également de 4 dans les ions carbonates :

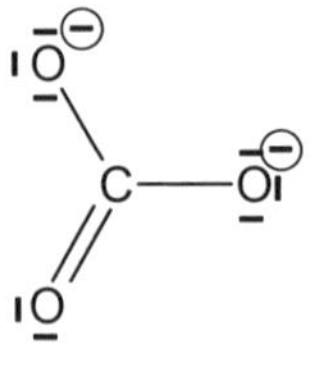

Ces ions sont de structure triangulaire plane.

Exercice 3.2 : Dérivés du phosphore

** Le phosphore peut se combiner à des atomes d'halogènes et former par exemple PBr_3 et PBr_5.

a. Donner la structure de Lewis des atomes de phosphore (Z = 15) et de brome (Z = 35).

b. Donner la structure de Lewis des deux molécules citées, ainsi que leurs formes tridimensionnelles en théorie VSEPR. Préciser clairement le phénomène qui s'est produit pour l'atome de phosphore.

c. Pourrait-on trouver de la même manière les molécules de NBr_3 et NBr_5 ($_7N$) ?

a. Phosphore : $1s^2, 2s^2, 2p^6, 3s^2, 3p^3$.
Brome : $1s^2, 2s^2, 2p^6, 3s^2, 3p^6, 3d^{10}, 4s^2, 4p^5$.
Le phosphore porte donc un doublet non liant et trois électrons célibataires.
Le brome porte trois doublets non liants et un électron célibataire.

b. Pour la molécule de PBr_3, la configuration de l'atome de phosphore central est classique, c'est-à-dire qu'il est porteur de trois électrons célibataires permettant d'établir trois liaisons de covalence, et d'un doublet non liant (les trois doublets non liants sur chaque atome de brome n'ont pas été représentés) :

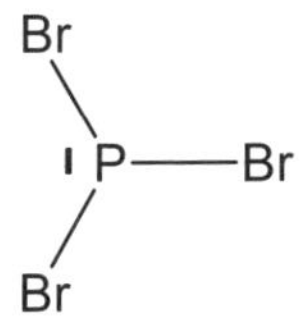

En revanche, dans PBr_5, une promotion de valence s'établit avec les orbitales *d* qui permet d'obtenir cinq électrons célibataires permettant d'établir cinq liaisons de covalence, soit :

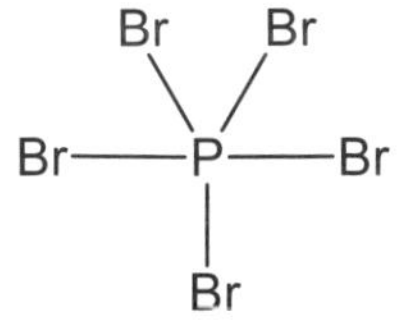

La molécule de PBr_3 est de type AX_3E en théorie de Gillespie, ce qui lui confère une structure tétraédrique dont l'un des sommets est occupé par un doublet non liant : la molécule est donc pyramidale :

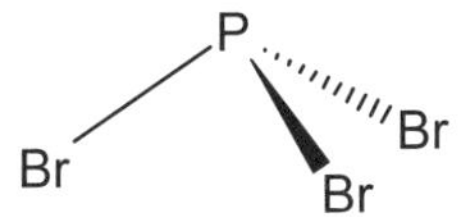

La molécule de PBr_5 est de type AX_5, donc à structure bipyramidale à base triangulaire :

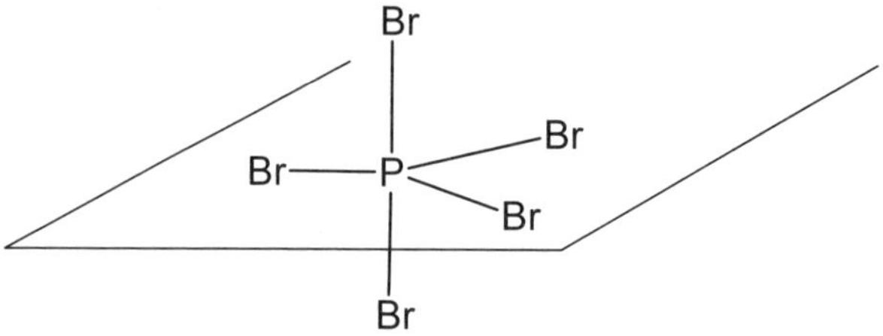

c. On peut trouver de la même manière la molécule de NBr_3, mais pas celle de NBr_5. En effet, l'azote possède une couche externe en $n = 2$, ce qui ne lui permet pas de disposer d'orbitales d pour effectuer une éventuelle promotion de valence.

Exercice 3.3 : Dérivés du soufre

*
*

a. Donner la configuration électronique de l'atome de soufre ($Z = 16$) est de l'atome d'oxygène ($Z = 8$).

b. Donner la structure de Lewis du dioxyde de soufre SO_2 et du trioxyde de soufre SO_3. Indiquer leur forme tridimensionnelle.

c. Donner la structure de Lewis des ions sulfates SO_4^{2-}, des ions dithionates $S_2O_6^{2-}$, des ions thiosulfates $S_2O_3^{2-}$ et des ions peroxodisulfates $S_2O_8^{2-}$.

d. Indiquer la structure tridimensionnelle des ions sulfates et thiosulfates.

e. Trouver une formule pour les ions sulfates respectant la règle de l'octet et faisant apparaître des charges formelles.

a. On obtient :
– pour l'oxygène ($Z = 8$) : $1s^2$, $2s^2\ 2p^4$;
– pour le soufre ($Z = 16$) : $1s^2$, $2s^2\ 2p^6$, $3s^2\ 3p^4$.

b. Dans le cas du dioxyde de soufre, la valence de l'atome de soufre est de 4 avec un doublet non liant.

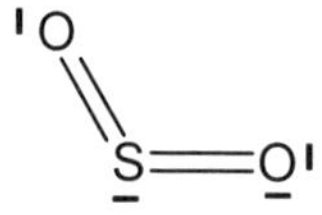

Pour le trioxyde de soufre, la valence du soufre passe à 6 par une promotion de valence des électrons du doublet non liant sur les orbitales $3d$.

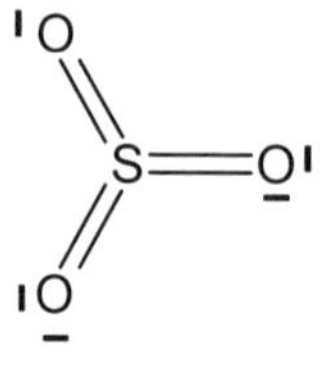

Le dioxyde de soufre est de type AX_2E, et le trioxyde de soufre de type AX_3 : ces deux molécules sont donc toutes les deux triangulaires planes.

c. Ions sulfates :

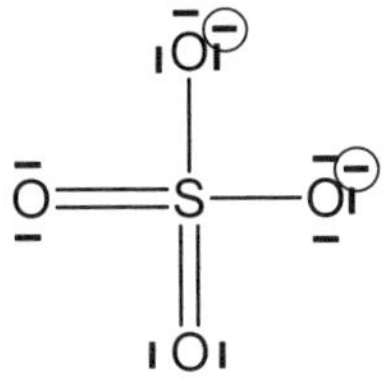

Ions dithionates :

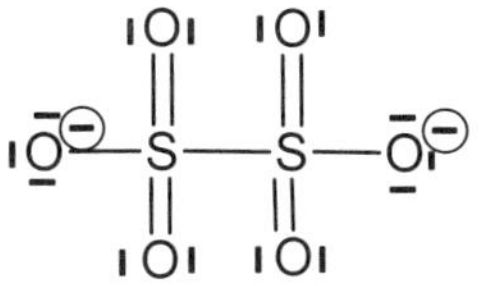

Ions thiosulfates :

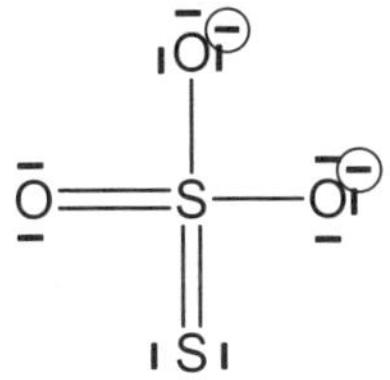

Ions peroxodisulfates :

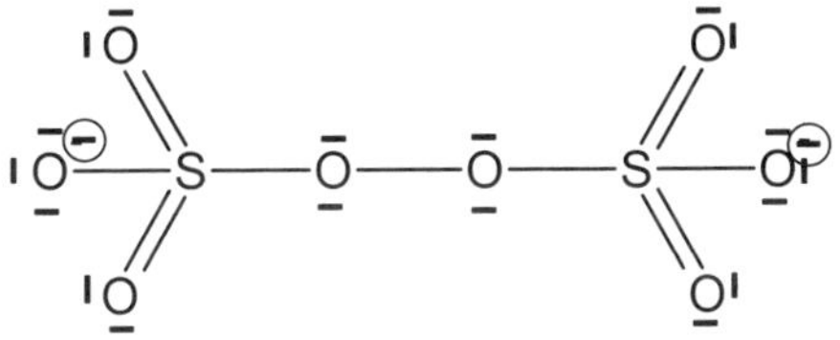

d. Ces deux ions sont de type AX_4, et présentent une structure tétraédrique :

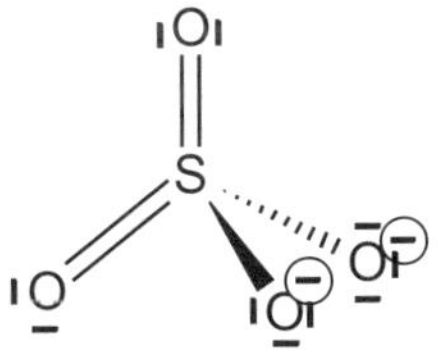

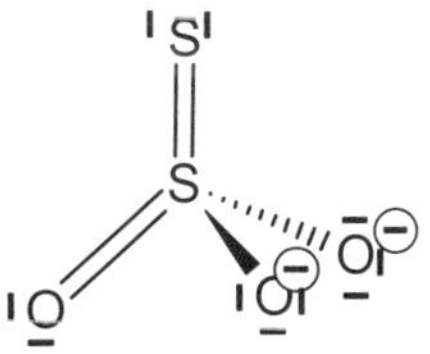

e. On peut penser à une structure du type :

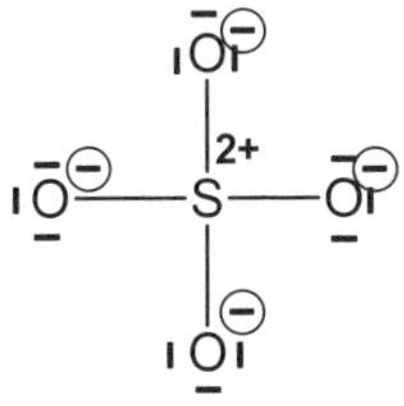

Exercice 3.4 : Étude de l'ion thiocyanate

* On s'intéresse à la structure de l'ion thiocyanate SCN^-.

a. Quelle(s) est(sont) la(les) structure(s) de Lewis de l'ion thiocyanate ? Quel lien y a-t-il entre ces différentes structures ?

b. Quelle géométrie peut-on prévoir pour cet ion ?
On donne les numéros atomiques suivants : C = 6 ; N = 7 ; S = 16.

a. Les configurations électroniques sont :
– carbone : $1s^2, 2s^2, 2p^2$;
– azote : $1s^2, 2s^2, 2p^3$;
– soufre : $1s^2, 2s^2, 2p^6, 3s^2, 3p^4$.
Ainsi, l'on peut envisager les structures suivantes liées entre elles par un équilibre de mésomérie :

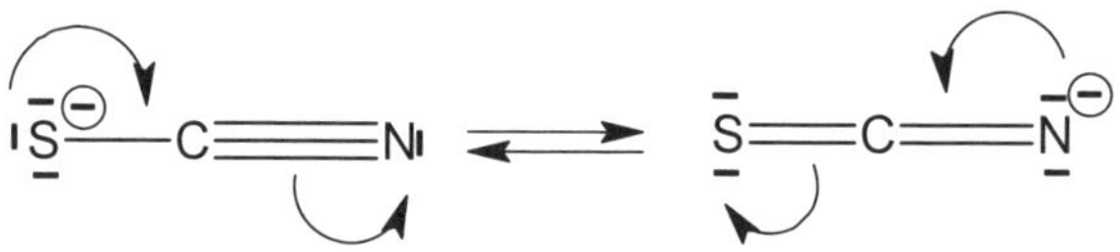

b. Ces deux structures étant de type AX_2, on prévoit une structure linéaire.

Exercice 3.5 : Dérivés de l'arsenic (d'après Mines et Ponts)

**

a. Donner la configuration électronique des éléments chimiques se trouvant dans la colonne de l'azote ($Z = 7$) : le phosphore ($Z = 15$) et l'arsenic ($Z = 33$).

b. Si ces trois éléments ont une charge formelle nulle, combien de liaisons covalentes peuvent-ils établir ?

c. Représenter la formule de Lewis de deux bromures de l'arsenic : $AsBr_3$ et $AsBr_5$ ($_{35}Br$).

d. Sachant que l'arsenic peut aussi donner des ions arsénites $AsO_3{}^{3-}$ et arséniates $AsO_4{}^{3-}$, donner la structure de Lewis de ces ions (l'oxygène n'est relié qu'à l'arsenic).

e. Connaissant les numéros atomiques du calcium ($Z = 20$) et du sodium ($Z = 11$), indiquer quels ions ces éléments sont susceptibles de former. Donner la formule des arsénites de sodium et de calcium.

a. On obtient pour les trois éléments demandés :
– Azote : $1s^2, 2s^2, 2p^3$.
– Phosphore : $1s^2, 2s^2, 2p^6, 3s^2, 3p^3$.
– Arsenic : $1s^2, 2s^2, 2p^6, 3s^2, 3p^6, 3d^{10}, 4s^2, 4p^3$.

b. L'azote peut donc établir trois liaisons ; le phosphore trois (voire cinq grâce à une promotion de valence) ; de même pour l'arsenic.

c. Les atomes de brome ont une configuration électronique en $1s^2$, $2s^2$, $2p^6$, $3s^2$, $3p^6$, $3d^{10}$, $4s^2$, $4p^5$. Les six électrons de la couche $n = 4$ se répartissent donc par promotion de valence en trois doublets non liants et un électron célibataire. (Par soucis de clarté, les doublets non liants des atomes de brome n'ont pas été représentés dans les schémas ci-dessous).

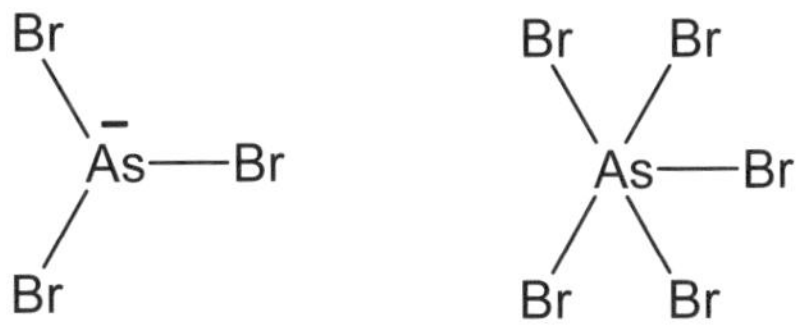

Dans ces deux composés, on observe bien la « double » valence de l'arsenic (3 ou 5).

d.

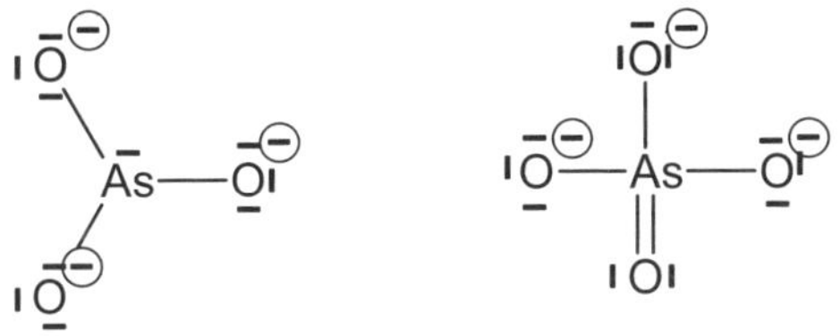

On retrouve également dans ces deux ions les deux valences de l'arsenic.

e. Grâce aux numéros atomiques des atomes de calcium et de sodium, nous pouvons déterminer leur structure électronique, et par conséquent les ions qu'ils sont susceptibles de former :

– Calcium : $1s^2$, $2s^2$, $2p^6$, $3s^2$, $3p^6$, $4s^2$.
– Sodium : $1s^2$, $2s^2$, $2p^6$, $3s^1$.

Ces atomes peuvent donner respectivement les ions calcium Ca^{2+} et les ions sodium Na^+.
Sachant qu'un cristal ionique est neutre électriquement, on en déduit la formule des arsénites de calcium $Ca_3(AsO_3)_2$ et des arsénites de sodium Na_3AsO_3.

Exercice 3.6

*** **Structure et géométrie de quelques molécules (d'après concours commun Polytechnique, 2005)**

a. Écrire la structure électronique des quatre atomes suivants : ${}_1H$; ${}_7N$; ${}_6C$; ${}_8O$.

b. Écrire une formule de Lewis :

- de la molécule d'eau ;
- de la molécule de dioxyde de carbone ;
- de l'ion nitrite (NO_2^-) ;
- de l'ion nitrate (NO_3^-).

c. Écrire la formule AX_nE_x (formule de Gillespie) de la molécule d'eau et de la molécule de dioxyde de carbone.

d. Dessiner la molécule d'eau et la molécule de dioxyde de carbone en respectant les angles des liaisons entre les atomes. Indiquer si ces molécules sont de forme linéaire ou coudée.

e. Écrire la formule AX_nE_x (formule de Gillespie) de l'ion nitrite et de l'ion nitrate.

f. Indiquer la forme tridimensionnelle de ces ions.

a. On applique la règle classique de Klechkowski :
Hydrogène : $1s^1$.
Azote : $1s^2, 2s^2, 2p^3$.
Carbone : $1s^2, 2s^2, 2p^2$.
Oxygène : $1s^2, 2s^2\ 2p^4$.

b. Les deux premières molécules ne présentent pas de difficultés, si ce n'est peut-être de connaître leur formule brute, H_2O et CO_2.

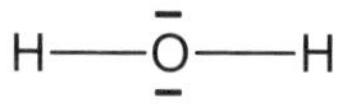
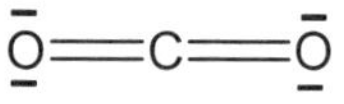

La structure de l'ion nitrite nécessite l'apparition d'une charge formelle sur l'un des atomes d'oxygène :

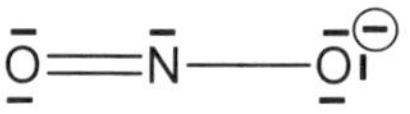

Le cas de l'ion nitrate est plus complexe. En effet, l'atome d'azote ne peut effectuer de promotion de valence puisque ne disposant pas d'orbitales $2d$ pour y disposer ses électrons.
La structure de cet ion laisse ainsi supposer la création d'une liaison dative (dite également liaison de coordinence, ou encore liaison donneur-accepteur) entre l'atome d'oxygène et l'atome d'azote. L'atome d'azote va donc venir placer son doublet non liant dans une orbitale vide de l'atome d'oxygène (pour cela, l'atome d'oxygène aura dû réarranger ses électrons pour former trois doublets non liants et ainsi libérer une de ses orbitales).
On obtient donc la structure suivante :

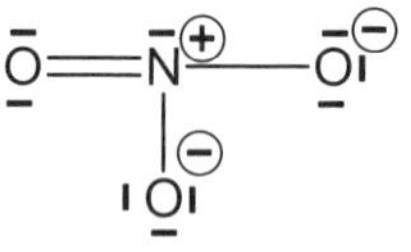

c. L'eau est de type AX_2E_2 et le dioxyde de carbone de type AX_2.

d. Dans l'eau, l'atome d'oxygène est au centre d'une structure tétraédrique dont deux des sommets sont occupés par des doublets non liants. La molécule apparaît coudée avec un angle légèrement inférieur à 109° (répulsion plus importante des doublets non liants).

Quant à la molécule de dioxyde de carbone, sa structure est simplement linéaire.

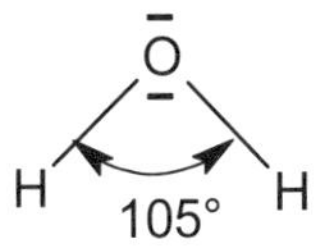

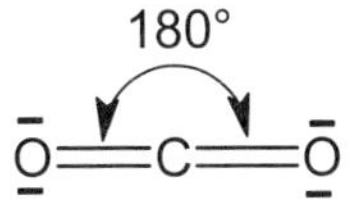

e. L'atome d'azote dans l'ion nitrite étant entouré de deux atomes et porteur d'un doublet non liant, est donc de type AX_2E dans la théorie VSEPR.

L'atome d'azote dans l'ion nitrate est entouré de trois atomes d'oxygène et ne porte plus de doublet non liant ; le type est également AX_2E.

f. L'ion nitrite et l'ion nitrate sont de structure triangulaire plane.

Mais pour l'ion nitrite, un des sommets est occupé par un doublet non liant ; l'ion est donc coudé, mais cette fois avec un angle proche de 120 °.

Exercice 3.7 : Autour de l'élément azote (d'après Mines d'Albi, 2002)

* *

a. Préciser la structure électronique de l'azote ($Z = 7$).

b. Écrire les structures de Lewis de NH_3, HNO_2 et HNO_3 (l'azote est l'atome central). Préciser les charges formelles portées par les atomes.

c. En utilisant la théorie de la VSEPR, indiquer la géométrie de NH_3, HNO_2 et HNO_3.

a. D'après la règle de Klechkowski, nous obtenons : $1s^2, 2s^2, 2p^3$.

b. Nous obtenons les structures de Lewis suivantes :

- Ammoniac NH_3

Sur les cinq électrons de la couche de valence : trois sont engagés dans les liaisons avec les atomes d'hydrogène, deux forment un doublet non liant.

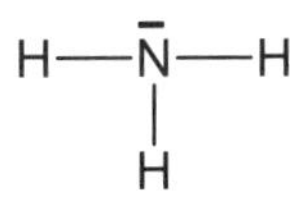

- Acide nitreux HNO_2

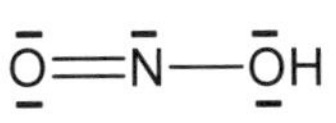

- Acide nitrique HNO_3

Sur cette molécule apparaissent deux charges formelles : une charge négative sur l'un des atomes d'oxygène qui se trouve alors porteur de trois doublets non liants, et une charge positive sur l'atome d'azote qui ne porte plus de doublets non liant.

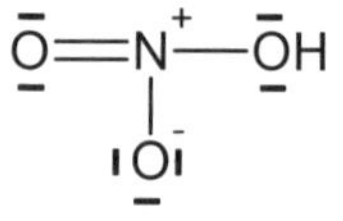

c. L'ammoniac est de type AX_3E, donc de structure tétraédrique, mais l'un des sommets étant occupé par un doublet non liant, la molécule apparaît finalement pyramidale avec des angles proches de 109° :

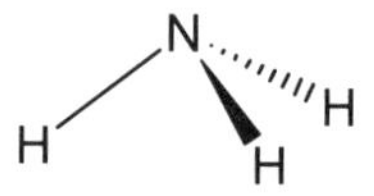

L'acide nitreux est de type AX_2E, donc de structure triangulaire plane, mais l'un des sommets du triangle étant occupé par un doublet non liant, la molécule apparaît coudée avec un angle proche de 120 ° (en réalité inférieur à 120 ° de part la présence du doublet non liant qui ferme légèrement l'angle opposé) :

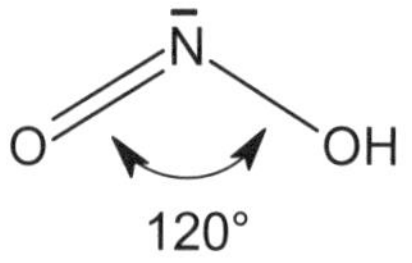

L'acide nitrique est de type AX_3, donc présente une structure triangulaire plane :

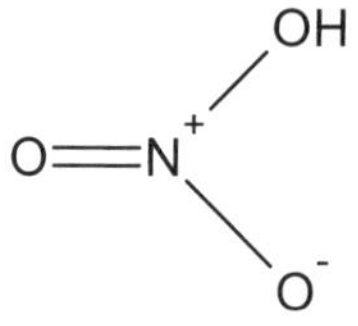

Exercice 3.8 : L'élément silicium (d'après Mines d'Albi, 2004)

**

La silice, de formule chimique SiO_2 peut se dissoudre lentement dans l'eau. Des études récentes ont révélé le rôle de la silice sur l'eutrophisation des rivières. L'eutrophisation est une évolution naturelle des eaux où l'équilibre biologique est perturbé par une diminution de l'oxygène dissous. On se propose ici d'entrevoir les phénomènes liés à la dissolution de la silice dans l'eau.

a. Écrire la configuration électronique dans l'état fondamental du silicium de numéro atomique $Z = 14$. Citer un élément de la même colonne.

b. Le silicium existe à l'état naturel sous les trois formes isotopiques suivantes : ${}^{28}_{14}Si$ à 92,2 % ; ${}^{29}_{14}Si$ à 4,7 % ; ${}^{30}_{14}Si$ à 3,1 %. Estimer la masse molaire atomique moyenne de l'élément Si.

c. La masse molaire de l'oxygène étant de 16,00 $g{\cdot}mol^{-1}$, quelle est la masse molaire moyenne de la silice SiO_2 ?

d. On rappelle que le numéro atomique de l'oxygène est $Z = 8$. Proposer alors un schéma de Lewis de la molécule SiO_2.

e. Quelle est la géométrie de cette molécule ?

f. Citer une molécule de géométrie analogue à celle de SiO_2.

a. D'après la règle de Klechkowski, nous obtenons : $1s^2, 2s^2, 2p^6, 3s^2, 3p^2$.

b. La masse molaire moyenne peut s'estimer à partir des pourcentages d'abondance isotopiques fournis et des nombres de masse d'après la formule suivante :

$$M = \sum_i n_i M_i$$

où n_i et M_i représentent respectivement la fraction de l'isotope et sa masse molaire. En utilisant les données de l'énoncé, nous obtenons :

$$M = \sum_i n_i M_i = \sum (n_{28} M_{28})(n_{29} M_{29})(n_{30} M_{30})$$
$$= (0{,}922 \times 28) + (0{,}047 \times 29) + (0{,}031 \times 30)$$
$$= 28{,}11 \text{ g} \cdot \text{mol}^{-1}$$

c. La masse molaire moyenne de l'oxyde de silicium est donc de :

$$M_{SiO_2} = 2M_O + M_{Si} = (2 \times 16{,}00) + 28{,}11 = 60{,}11 \text{ g} \cdot \text{mol}^{-1}.$$

d. La structure de Lewis de cette molécule ne présente pas de difficultés : l'atome de silicium va subir une promotion de valence par hybridation de ses orbitales atomiques pour disposer de quatre électrons célibataires. Cela lui permettra d'établir deux doubles liaisons avec les deux atomes d'oxygène (porteurs chacun de deux doublets non liants), soit :

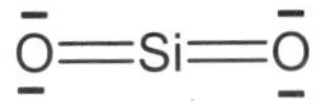

e. Cette molécule est de type AX_2 dans la théorie VSEPR. Il s'agit donc d'une molécule linéaire.

f. En prenant un élément de la même famille que le silicium, nous avons par exemple la molécule de dioxyde de carbone CO_2.

Cinétique 4

Ce qu'il faut savoir

Qu'est-ce que la cinétique chimique ?

La cinétique correspond à l'étude des vitesses de réaction. Elle peut se faire par étude expérimentale et/ou par étude mathématique en utilisant des modèles.

À quoi correspond la vitesse d'une réaction ?

La vitesse peut être définie à partir des réactifs (vitesse de disparition) ou des produits (vitesse d'apparition). Elle peut mettre en jeu des quantités de matière ou des concentrations. Enfin, elle peut être instantanée (mesurée à un temps *t* donnée) ou moyenne (mesurée entre deux temps).

Son calcul peut s'effectuer à partir d'une courbe dite courbe de cinétique en mesurant la pente :

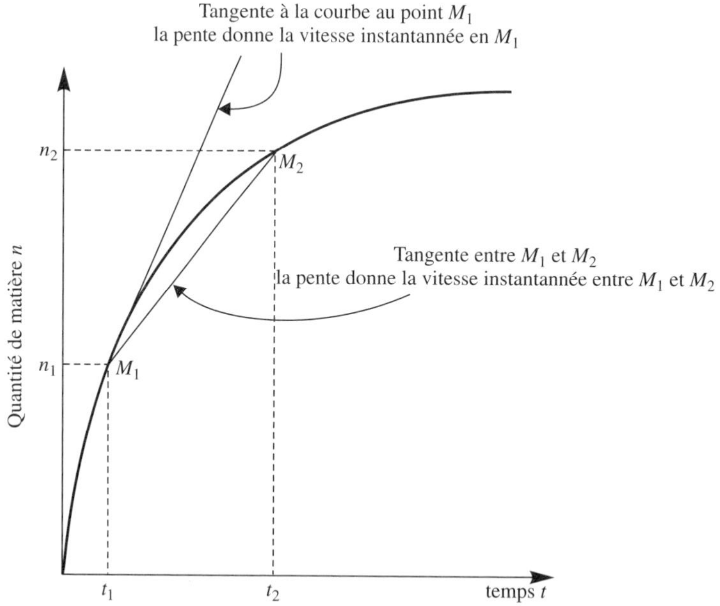

Mathématiquement, les vitesses moyennes correspondent aux relations suivantes :

$$v = \frac{C_i - C_{i-1}}{t_i - t_{i-1}} = \frac{\Delta C}{\Delta t} \quad \text{ou} \quad v = \frac{n_i - n_{i-1}}{t_i - t_{i-1}} = \frac{\Delta n}{\Delta t}$$

La vitesse instantanée correspond à la limite quand l'intervalle de temps tend vers zéro de la vitesse moyenne :

$$v = \lim_{\Delta t \to 0} \frac{\Delta C}{\Delta t} = \frac{dC}{dt}.$$

Quelle relation y a-t-il entre les différentes vitesses ?

Puisque la vitesse d'une réaction peut être définie à partir de l'ensemble des réactifs ou des produits, il est possible de relier toutes ces vitesses par la relation suivante.

Pour une réaction du type :

$$aA + bB \rightarrow cC + dD.$$

a, b, c et d : nombres stœchiométriques.

A, B, C et D : espèces chimiques.

On obtient la vitesse de réaction :

$$v = \frac{1}{a}\frac{-dC_A}{dt} = \frac{1}{b}\frac{-dC_B}{dt} = \frac{1}{c}\frac{dC_C}{dt} = \frac{1}{d}\frac{dC_D}{dt} = \frac{1}{V}\frac{d\xi}{dt}.$$

Où ξ représente l'avancement de la réaction.

Pourquoi les vitesses définies à partir des réactifs présentent-elles un signe négatif ?

Le signe négatif permet au final de récupérer une vitesse positive. Sans cela, la diminution des quantités (ou des concentrations) nous donnerait des vitesses négatives, ce qui est évidemment impossible.

À quoi correspondent les lois cinétiques ?

Il s'agit d'un traitement mathématique qui amène à donner une relation à laquelle obéissent toutes les vitesses :

$$v = k \cdot \prod_i [\text{Réactifs}]^{n_i}$$

ni : ordre partiel pour chaque réactif.

k : constante de réaction.

Pour la réaction :

$$aA + bB \rightarrow cC + dD$$

la relation peut donc s'écrire :

$$v = k \cdot [A]^{n_a} \cdot [B]^{n_b}$$

n_a et n_b : ordres partiels pour les réactifs A et B.

[ ] : concentrations des espèces en $mol \cdot L^{-1}$.

k : constante de réaction.

On trouve ainsi un ordre global d'une réaction correspond à la somme des ordres partiels des réactifs de cette réaction

$$n = \sum_i n_i.$$

n : ordre global de la réaction.

Quelle est l'unité de la constante de réaction k ?

L'unité de k dépend de l'ordre global de la réaction. On ne peut donc répondre à cette question sans la connaissance de la loi cinétique à laquelle obéit la réaction.

– Ordre 0 : mol·L^{-1}·temps^{-1}.

– Ordre 1 : temps^{-1}.

– Ordre 2 : mol^{-1}·L·temps^{-1}.

Les ordres partiels sont-ils égaux aux nombres stœchiométriques de la réaction ?

Les ordres partiels n'ont aucun rapport avec les coefficients stœchiométriques, même si parfois ils peuvent être identiques. C'est ce que l'on nomme la molécularité ; si la réaction est élémentaire (se déroulant suivant un seul acte, avec en général un nombre de réactifs limité), l'ordre global de la réaction est alors égal à la **molécularité**, c'est-à-dire à la somme des coefficients stœchiométriques des réactifs de l'équation.

Dans les autres cas, si les ordres partiels sont égaux aux coefficients stœchiométriques, cela n'est que pur hasard.

Quelles sont les lois cinétiques à connaître ?

On considère généralement que seules les réactions d'ordre zéro, un et deux doivent être connues :

– Ordre zéro : $v = k \cdot [A]^0 = k$ et $[A] - [A_0] = -a \cdot k \cdot t$.

– Ordre un : $v = k \cdot [A]^1$ et $\ln[A] - \ln[A_0] = -a \cdot k \cdot t$.

– Ordre deux : $v = k \cdot [A]^2$ et $-\dfrac{1}{[A]} + \dfrac{1}{[A_0]} = -2 \cdot k \cdot t$.

Qu'est-ce que le temps de demi-réaction ?

C'est le temps nécessaire pour que la moitié du réactif initial ait été consommée au cours de la réaction.

Son expression dépend de l'ordre global de la réaction (pour un réactif A avec un nombre stoechiométrique a) :

Ordre 0	Ordre 1	Ordre 2
$t_{1/2} = \dfrac{[A_0]}{2 \cdot a \cdot k}$	$t_{1/2} = \dfrac{\ln 2}{a \cdot k}$	$t_{1/2} = \dfrac{1}{[A_0] \cdot k}$

À quoi correspondent la dégénérescence de l'ordre et la méthode d'isolement d'Ostwald ?

La méthode de l'isolement d'Ostwald est basée sur la technique de dégénérescence de l'ordre. Cette dernière consiste à introduire successivement chaque réactif en excès par rapport aux autres réactifs de la réaction, de manière à ne laisser qu'un seul réactif en défaut.

Pour ces réactifs en excès, tout se comporte comme si leurs concentrations ne variaient pas, comme si elles étaient constantes.

Pour une réaction $A + B \rightarrow C$, nous obtenons donc :

$$v = -\frac{d\,[A]}{dt} = k \cdot [A]^{\alpha} \cdot [B]^{\beta} = k \cdot [A]^{\alpha} \cdot [B_0]^{\beta}$$

avec $[B_0]$: concentration initiale en B.

Le produit $k.[B_0]$ est donc constant et l'on peut donc dire que $v = k' \cdot [A]^{\alpha}$, avec $k' = k \cdot [B_0]^{\beta}$ (k' : constante de vitesse apparente).

L'ordre de la réaction n'étant plus l'ordre global $\alpha + \beta$, mais seulement α, on parle de **dégénérescence de l'ordre**.

Cette technique permet donc de déterminer l'ordre partiel par rapport au réactif en défaut.

Qu'est-ce que l'état quasi stationnaire de Bodenstein ?

Dans le cas de deux réactions successives $A \xrightarrow{k_1} B \xrightarrow{k_2} C$, si l'on considère que la concentration de B reste faible devant celles de A et de B, et que $k_2 \gg k_1$, alors on peut considérer que la concentration de B est quasi constante, soit :

$$\frac{d\,[B]}{dt} = 0.$$

Quelle est la signification de la constante de vitesse k ?

C'est la loi d'Arrhenius qui nous donne une expression de la constante de réaction k sous la forme :

$$k = A \cdot e^{\frac{-E_a}{RT}}.$$

A : facteur préexponentiel (facteur géométrique).

E_a : énergie d'activation en $J \cdot mol^{-1}$.

R : constante des gaz parfaits.

T : température en K.

Cette expression de k permet de comprendre la notion d'efficacité d'un choc entre molécules. On appelle **chocs efficaces** les chocs entre deux molécules qui produisent effectivement une réaction, c'est-à-dire qui permettent de basculer de l'état produit à l'état réactif. Dans un **choc inefficace**, les molécules repartent après le choc sans aucune modification chimique.

Le facteur A, ou facteur préexponentiel, montre que pour qu'une réaction ait lieu, il faut que les molécules soient correctement orientées. On considère que cette nécessité d'une orientation correcte est représentée par le facteur A appelé de ce fait le facteur d'orientation ou **facteur préexponentiel**.

Au cours du choc, les molécules doivent posséder une vitesse, donc une énergie cinétique (puisque $Ec = {}^1/_2 \cdot m \cdot v^2$) suffisante pour dépasser la barrière énergétique qui permettra de basculer de l'état réactif vers l'état produit. Cette énergie est due à l'agitation thermique des molécules, c'est-à-dire à l'énergie que possèdent les molécules et qu'elles ont captée au milieu extérieur grâce au transfert de chaleur.

Ce **facteur énergétique** est représenté par le terme E_a.

Exercice 4.1 : Taux de transformation

* On étudie la réaction hypothétique $A \rightarrow B + C$ dont on suppose que l'ordre global est de 1.

a. Exprimer la loi de vitesse par rapport au réactif A.

b. Exprimer le temps de demi-réaction.

c. Une étude cinétique montre que lorsque la concentration initiale en A est multipliée par trois, le temps de demi-réaction est inchangé. Cette observation justifie-t-elle l'ordre 1 ?

d. À 20° C, le temps de demi-réaction est de 7 minutes. Quel est le temps au bout duquel 99 % du réactif A aura réagi ?

a. La loi de vitesse s'écrit : $v = -\dfrac{d[A]}{dt} = k[A]$, soit :

$$v = -\frac{d[A]}{dt} = k[A]^1 \Rightarrow -\frac{d[A]}{[A]} = kdt$$

$$\Rightarrow \int_{[A_0]}^{[A]} \frac{d[A]}{[A]} = -k \int_0^t dt \Rightarrow \ln[A] - \ln[A_0] = -kt.$$

b. Pour une réaction d'ordre 1, le temps de demi-réaction est égal à $t_{1/2} = \dfrac{\ln 2}{k}$.

c. Nous voyons dans l'expression du temps de demi-réaction que celui-ci ne dépend pas de la concentration initiale en réactif A. Cette observation valide donc bien l'ordre 1.

d. Grâce au temps de demi-réaction fourni, nous pouvons en déduire la valeur de la constante de vitesse k à cette température, soit :

$$t_{1/2} = \frac{\ln 2}{k} \Rightarrow k = \frac{\ln 2}{t_{1/2}} = \frac{\ln 2}{7} = 9{,}90\cdot 10^{-2}\ \text{min}^{-1}.$$

Pour que la réaction se soit déroulée à 99 %, il faut donc que la concentration restante en réactif A soit diminuée de 99 % par rapport à la concentration initiale. Si nous posons que la concentration initiale vaut 1, la concentration au temps t_{99} (temps nécessaire pour consommer 99 % du réactif A) vaut donc 0,01.

D'après la loi cinétique d'ordre 1, nous obtenons donc :

$$\ln[A] - \ln[A_0] = -kt$$

$$\ln 0{,}01 - \ln 1 = -k\cdot t_{99}$$

$$t_{99} = \frac{\ln 0{,}01 - \ln 1}{-k} = \frac{\ln 0{,}01 - \ln 1}{-9{,}90\cdot 10^{-2}}$$

$$t_{99} = 46{,}5\ \text{min}$$

Le réactif A est donc consommé à 99 % au bout de 46 minutes et 30 secondes.

Exercice 4.2 : Désintégration radioactive

* On étudie la désintégration radioactive d'un noyau père A en un noyau fils B. Cette désintégration, comme la plupart des désintégrations, obéit à une loi d'ordre 1. L'isotope étudié a une période radioactive de 120 jours. Une norme indique que le stockage de cet isotope radioactif n'est possible que lorsque celui-ci aura vu sa radioactivité diminuer de 95 %.

a. L'ordre 1 était-il prévisible ?

b. Calculer le temps au bout duquel le stockage sera possible.

a. Cette réaction ne mettant en jeu qu'un seul réactif (le noyau père), il est logique de penser que la réaction est élémentaire. L'ordre global de la réaction est donc égal à la molécularité, soit 1.

b. La réaction étant d'ordre 1, la loi est de la forme $\ln[A] - \ln[A_0] = -kt$, et le temps de demi-réaction $t_{1/2} = \frac{\ln 2}{k}$.

La période radioactive correspond à la demi-vie du radio-isotope ; donc le temps de demi-réaction est de 120 jours.

Nous pouvons donc calculer la constante k de la réaction :

$$t_{1/2} = \frac{\ln 2}{k} \Rightarrow k = \frac{\ln 2}{t_{1/2}} = \frac{\ln 2}{120} = 5{,}77\cdot 10^{-3}\ \text{jours}^{-1}.$$

Nous posons que le nombre de noyaux pères initial est de 1, et nous recherchons le temps au bout duquel il reste 0,05 noyaux pères :

$$\ln[A] - \ln[A_0] = -kt$$

$$\ln 0{,}05 - \ln 1 = -k \cdot t_{95}$$

$$t_{95} = \frac{\ln 0{,}05 - \ln 1}{-k} = \frac{\ln 0{,}05 - \ln 1}{-5{,}77 \cdot 10^{-3}}$$

$$t_{95} = 519{,}2 \text{ jours.}$$

Ce radio-isotope sera donc stockable au bout d'environ 520 jours.

Exercice 4.3 : Détermination graphique de vitesses

* Le suivi d'une réaction amène à remplir le tableau suivant.

Temps (min)	1	2	3	4	5	6	7	9	15
C (mol·L^{-1})	0,29	0,50	0,70	0,82	0,91	0,97	1,02	1,06	1,07

a. Tracer le graphique $C = f(t)$.

b. Déduire si le suivi de cette réaction concerne un réactif ou un produit.

c. Interpréter qualitativement l'allure de ce graphique.

d. Déterminer l'ensemble des vitesses de réaction aux temps indiqués, et tracer la courbe $v = f(t)$.

e. Conclure.

a. Nous obtenons le graphique suivant :

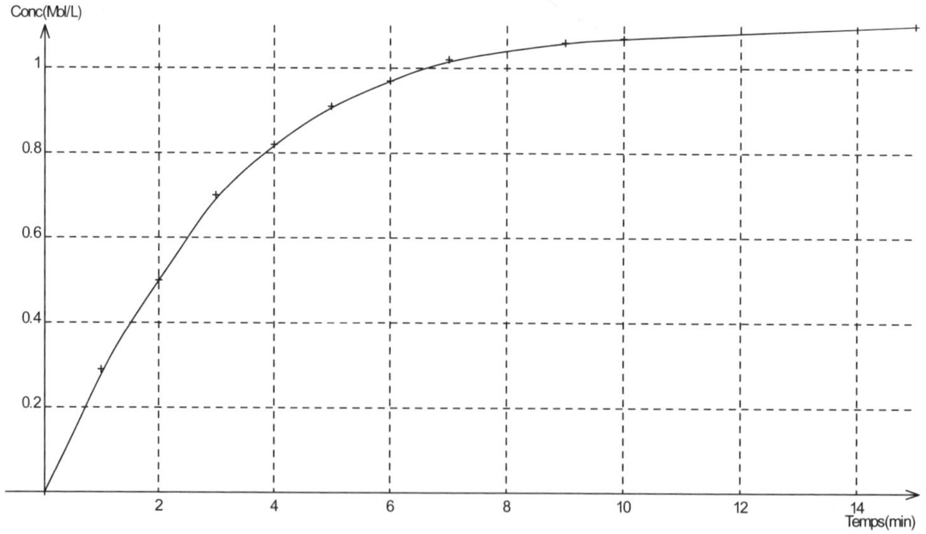

b. La concentration augmentant avec le temps, nous en déduisons obligatoirement que cette réaction est étudiée par la formation d'un des produits.

c. La vitesse est beaucoup plus importante au départ de la réaction car la concentration en réactif est maximale. Au fur et à mesure de la diminution de la concentration de ces réactifs, la vitesse chute. Cette dernière tend vers zéro (la concentration en produit tend vers une limite) lorsque le réactif limitant de la réaction est presque entièrement consommé.

d. Le calcul des vitesses nous donne les résultats suivants :

Concentration ($mol \cdot L^{-1}$)	0,29	0,5	0,7	0,82	0,91	0,97	1,02	1,06	1,07
Temps (min)	1	2	3	4	5	6	7	9	10
Vitesse ($mol \cdot L^{-1} \cdot min^{-1}$)	0,247	0,201	0,156	0,115	0,079	0,056 9	0,038 5	0,020 1	0,015 7

Ce qui nous permet de superposer sur le graphique précédent la courbe $v = f(t)$.

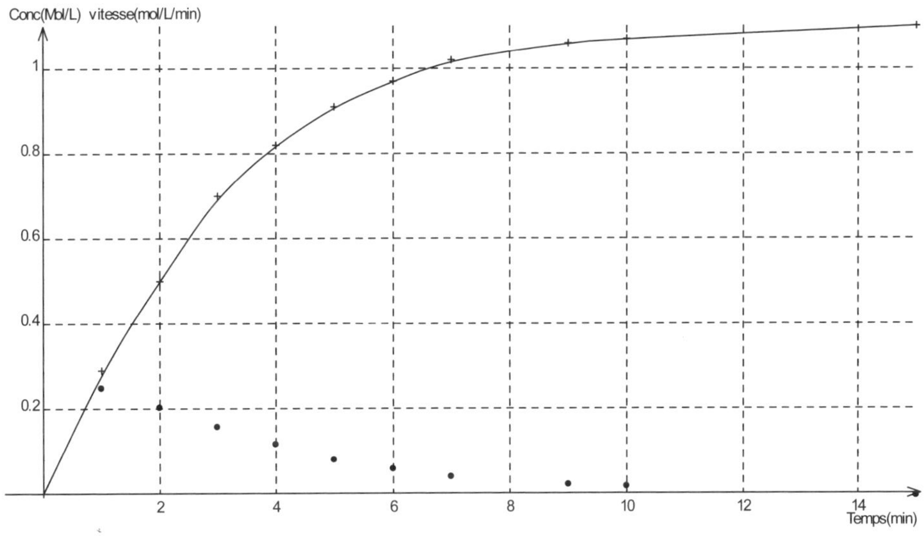

e. Nous observons bien la diminution de la vitesse de réaction au fur et à mesure du déroulement de cette réaction.

Exercice 4.4 : Décomposition du peroxyde d'hydrogène

* *

On étudie la réaction : $2H_2O_2 \rightarrow 2H_2O + O_2$.

Les résultats suivants ont été obtenus.

Temps (min)	0	2	4,5	10	20	30	40	50	60
$C\ H_2O_2$ ($mol \cdot L^{-1}$)	1,00	0,89	0,76	0,58	0,38	0,22	0,12	0,081	0,049

a. Donner l'expression de la vitesse de la réaction en fonction de l'ensemble des produits et des réactifs.

b. Déterminer l'ordre de la réaction par une méthode graphique (on posera l'hypothèse que la réaction est soit d'ordre global 0, 1 ou 2).

c. Déterminer graphiquement la valeur de la constante de la réaction.

d. Calculer le temps de demi-réaction.

e. Quels sont les facteurs cinétiques qui peuvent accélérer cette réaction ? En déduire les précautions de stockage d'une telle solution.

a. L'expression de la vitesse est classique :

$$v = \frac{1}{2}\frac{d\,[H_2O]}{dt} = \frac{d\,[O_2]}{dt} = -\frac{1}{2}\frac{d\,[H_2O_2]}{dt}.$$

b. L'expression des trois lois de vitesse en fonction des ordres 0, 1 et 2 est rappelée dans le tableau suivant.

Ordre global	0	1	2
Expression de la loi	$[A] - [A_0] = -2\cdot k\cdot t$	$\ln[A] - \ln[A_0] = -2\cdot k\cdot t$	$-\frac{1}{[A]} + \frac{1}{[A_0]} = -2\cdot k\cdot t$

Remarque

Prenez garde à ne pas oublier le nombre stœchiométrique de l'eau oxygénée (égal à 2) dans l'expression des vitesses.

Nous traduisons l'ensemble de ces lois sous la forme de graphiques pour déterminer l'ordre global de la réaction.

• Ordre 0 : $C = f(t)$

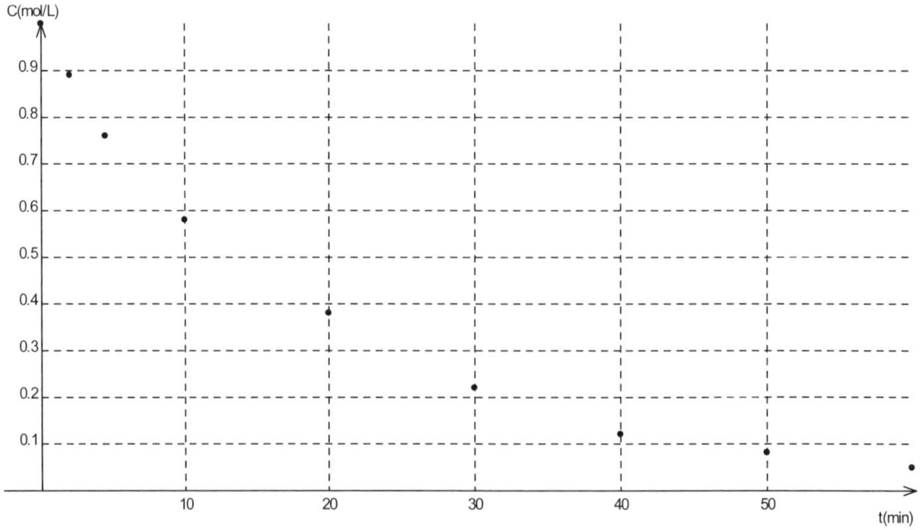

L'absence de droite nous indique que la réaction n'est pas d'ordre 0.

• Ordres 1 et 2 (les deux modèles sont réunis sur le même graphique) :
Ln $C = f(t)$ pour l'ordre 1 (ronds noirs).
$1/C = f(t)$ pour l'ordre 2 (carrés blancs).

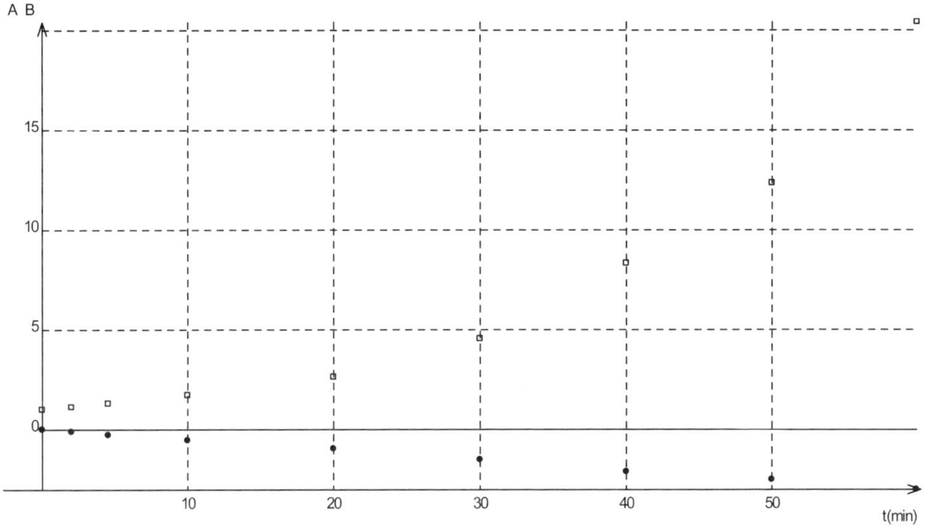

Seul le modèle de l'ordre 1 nous donne une droite, ce qui valide *a posteriori* cet ordre pour la réaction étudiée.

c. L'analyse des courbes nous indiquant que la réaction est d'ordre 1, la pente de la droite vaut donc $-2k$, soit avec une pente déterminée graphiquement égale à $-0{,}050$, une valeur de constante $k = 0{,}025\ \text{min}^{-1}$.

d. Le temps de demi-réaction vaut donc :

$$t_{1/2} = \frac{\ln 2}{a \cdot k}, \quad \text{soit :} \quad t_{1/2} = \frac{\ln 2}{2k} = \frac{\ln 2}{2 \times 0{,}025} = 13{,}8\ \text{min.}$$

e. Les facteurs qui peuvent accélérer la réaction sont, notamment, l'élévation de température et la lumière. Les solutions d'eau oxygénées sont donc stockées dans des endroits frais à l'abri de la lumière (dans des flacons teintés si possible).

Exercice 4.5

**

Cinétique de la formation du dioxyde d'azote (d'après concours communs Polytechnique, 1993)

Nous étudions la réaction : $2NO + O_2 \rightarrow NO_2$.

Cette réaction en phase gazeuse peut se décomposer selon le mécanisme suivant :

$$2NO \underset{k_{-1}}{\overset{k_1}{\leftrightarrows}} N_2O_2 \qquad (1)$$

$$N_2O_2 + O_2 \xrightarrow{k_2} 2NO_2 \qquad (2)$$

(1) est un équilibre rapide ; (2) est l'étape cinétiquement limitante.

a. Définir l'étape cinétiquement limitante.

b. Exprimer la vitesse de formation de NO_2 en fonction des réactifs de la réaction globale et des constantes k_1, k_{-1} et k_2.

c. L'expérience montre que la vitesse de réaction diminue si la température augmente. Ce résultat serait-il compatible avec un mécanisme en une seule étape ? Sinon, comment peut-on expliquer ce résultat ?

a. Il s'agit de l'étape la plus lente, celle qui gère toute la cinétique de la réaction. L'étude de la cinétique de la réaction revient donc à l'étude de cette seule étape.

Remarque

De la même manière que dans la fabrication par étapes d'un produit dans une usine, la vitesse de production de toute l'usine est gérée par l'étape la plus lente : il ne peut sortir plus de produits finis de l'usine que ne peut en traiter l'étape la plus lente, quelle que soit la vitesse des autres étapes.

b. Le dioxyde d'azote n'étant formé que d'après l'équation (2), nous obtenons :

$$v = \frac{1}{2} \times \frac{d\,[NO_2]}{dt} = k\,[N_2O_2]\,[O_2]\,.$$

Les ordres partiels sont supposés égaux aux nombres stœchiométriques car la réaction est élémentaire, puisque ne mettant en jeu que la rencontre de deux entités différentes.

Nous pouvons appliquer l'approximation de l'état quasi stationnaire de Bodenstein sur N_2O_2, puisque l'équilibre (1) est atteint rapidement et que (2) est beaucoup plus lente, soit :

$$\frac{d\,[N_2O_2]}{dt} = 0 = k_1\,[NO]^2 - k_{-1}\,[N_2O_2]$$

(là encore, nous supposons les ordres partiels égaux aux nombres stœchiométriques).

Nous obtenons : $[N_2O_2] = \dfrac{k_1\,[NO]^2}{k_{-1}}$.

En rapprochant les deux expressions, nous obtenons donc bien la vitesse en fonction de l'ensemble des constantes : $v = 2\dfrac{k \cdot k_1}{k_{-1}}\,[O_2]\,[NO]^2$.

c. Nous savons, d'après la loi d'Arrhenius, que la constante de la réaction dépend de la température par la formule :

$$k = A \cdot e^{\frac{-E_a}{RT}}\,.$$

Or nous constatons que lorsque la température augmente, la constante de vitesse augmente également (de même pour la vitesse de réaction). Il est donc impossible que la réaction ait lieu en une seule étape.

La seule explication possible est que l'énergie d'activation de la réaction, qui est la résultante de l'ensemble des énergies d'activation des différentes étapes, soit négative.

Exercice 4.6 : Étude cinétique de la libération du fer (III) par le proton

*
*

Les « sidérophores » sont des agents chélatants naturels, ayant une haute affinité pour le fer (III), et qui sont synthétisés par certains microorganismes pour pallier la carence en fer du milieu.

On étudie la réaction suivante : $FeL + 3H^+ \xrightarrow{k} H_3L + Fe^{3+}$ où L représente le sidérophore.

Cette réaction est suivie par spectrophotométrie en mesurant l'absorbance D à 440 nm, longueur d'onde à laquelle seule l'espèce FeL absorbe notablement.

Nous savons alors que, si la réaction est d'ordre 1, l'absorbance obéit à une relation du type :

$$\ln(D_t - D_\infty) = \ln(D_0 - D_\infty) - kt(1)$$

où k représente la constante cinétique de la réaction.

a. L'écriture de la réaction peut-elle représenter le mécanisme de la réaction ? Justifier votre réponse.

On mélange rapidement une solution de FeL et une solution acide afin d'obtenir les concentrations initiales suivantes :

$$[FeL]_0 = 1\cdot10^{-4}\ \text{mol}\cdot\text{L}^{-1}, \quad [H^+]_0 = 0{,}88\ \text{mol}\cdot\text{L}^{-1}.$$

L'absorbance D en fonction du temps est mesurée et les résultats obtenus sont placés dans le tableau suivant. (On postulera que le temps 1 000 s est un temps infini pour cette réaction.)

Temps (s)	20	50	100	200	1 000
D	0,066 1	0,049 2	0,029 8	0,010 8	0,002 8

b. Montrer qu'il y a dégénérescence de l'ordre d'après les conditions de l'expérience.

c. Montrer que l'ordre global de la réaction est égal à l'ordre partiel par rapport à FeL.

d. Montrer graphiquement que la réaction est d'ordre 1.

e. Calculer sa constante de vitesse apparente k'.

f. Quel est le temps de demi-réaction de cette réaction ?

a. Cette écriture ne peut représenter le mécanisme de la réaction, car cela impliquerait un choc simultané entre quatre entités, ce qui est statistiquement impossible. Nous pouvons donc en conclure que les ordres partiels ne seront pas égaux aux nombres stœchiométriques de la réaction.

b. La concentration des protons est près de 1 000 fois supérieure à celle de FeL. Nous pouvons considérer que la concentration des protons reste constante au cours du temps.
L'ordre de la réaction est donc bien dégénéré par rapport à FeL.

c. D'après la réponse précédente, nous obtenons la relation :

$$v = k\,[\text{FeL}]^{\alpha}\left[\text{H}^{+}\right]^{\beta} = k'\,[\text{FeL}]^{\alpha}$$

où k' représente la constante apparente de la réaction et vaut $k' = k\left[\text{H}^{+}\right]^{\beta}$.
L'ordre global de la réaction se ramène donc bien à l'ordre partiel par rapport à FeL.

d. Puisque l'énoncé nous dit que la relation (1) n'est valable que si la réaction est d'ordre 1, il nous suffit de vérifier que cette relation est bien applicable ici.
Nous complétons le tableau de l'énoncé en prenant D_{∞}= 0,0028.

Temps (s)	20	50	100	200	1 000
D	0,066 1	0,049 2	0,029 8	0,010 8	0,002 8
$\ln(D_t - D_{\infty})$	– 2,76	– 3,07	– 3,61	– 4,82	–

Nous traçons alors $\ln(D_t - D_{\infty}) = f(t)$.
Et nous obtenons le graphique suivant.

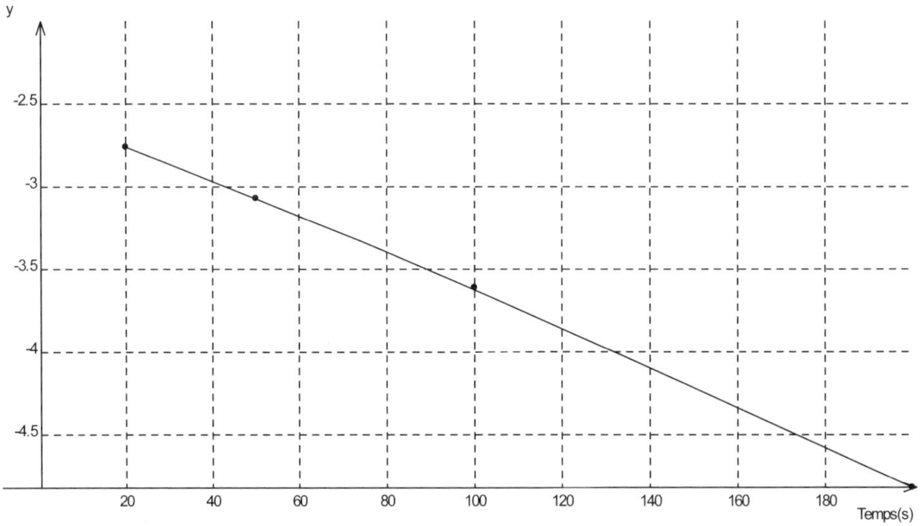

L'obtention d'une droite valide *a posteriori* la relation (1). L'ordonnée à l'origine nous donne la valeur de $\ln(D_0 - D_{\infty})$.

e. La pente nous donne la valeur de k'.
k' vaut donc $1{,}1410^{-2}\ \text{s}^{-1}$.

f. Pour une réaction d'ordre 1, le temps de demi-réaction est donné par la relation $t_{1/2} = \dfrac{\ln 2}{k'}$, soit une valeur de $t_{1/2} = \dfrac{\ln 2}{1{,}14\cdot 10^{-2}} = 60{,}8$ s .

Exercice 4.7

*
*
*

Passage de l'alcool dans le sang (d'après Mines d'Albi, 2006)

La réaction peut se modéliser de la façon suivante :

$$CH_3CH_2OH_{estomac} \longrightarrow CH_3CH_2OH_{sang}$$

On adopte les conventions suivantes :

- l'estomac est considéré comme un milieu réactionnel de volume constant V_1 égal pour chaque expérience au volume d'alcool absorbé ;
- on note $[CH_3CH_2OH_{estomac}] = C_1 = C_0 - x$; (C_0 étant la concentration initiale, c'est-à-dire au moment de l'absorption)

On réalise l'expérience suivante : un homme boit 250 ml d'un apéritif contenant 1 mole d'éthanol. On mesure la concentration C_1 de l'éthanol dans l'estomac en fonction du temps. Les résultats sont regroupés dans le tableau ci-dessous.

t en min	0	1,73	2,8	5,5	18	22
C_1 en mol·L^{-1}	4,0	3,0	2,5	1,6	0,2	0,1

a. Définir la vitesse de disparition de l'alcool dans l'estomac. Cette vitesse sera notée v_1.

b. Montrer que v_1 suit une loi cinétique d'ordre 1. Déterminer la valeur de la constante de vitesse k_1 (sans oublier son unité).

Le sang et les autres liquides contenus dans le corps seront considérés comme un milieu réactionnel unique, dénommé « sang », de volume $V_2 = 40$ L constant pour toutes les expériences.

c. Calculer la concentration C_2 de l'alcool dans le sang à $t = 18$ min dans le cas où l'on admet qu'aucune oxydation de l'alcool ne s'est produite.

Oxydation de l'alcool dans le sang

On injecte directement une certaine quantité d'alcool dans le sang et l'on détermine la concentration en fonction du temps. (On suppose que l'injection est instantanée et que la concentration de l'alcool dans le sang est uniforme.)

t en min	0	120	240	360	480	600	720
C_2 en mol·L^{-1}	$5\cdot10^{-2}$	$4{,}13\cdot10^{-2}$	$3{,}26\cdot10^{-2}$	$2{,}39\cdot10^{-2}$	$1{,}52\cdot10^{-2}$	$0{,}65\cdot10^{-2}$	0

d. Définir la vitesse d'oxydation de l'alcool dans le sang. Cette vitesse sera notée v_2.

e. Montrer que l'oxydation suit une loi cinétique d'ordre 0, c'est-à-dire que $v_2 = k_2$. Déterminer k_2 (avec son unité).

a. La vitesse de disparition de l'alcool noté v_1 nous donne : $v_1 = -\dfrac{d\,[\text{alcool}]}{dt}$.

b. Si la réaction est d'ordre 1, alors elle suit une loi de la forme $\ln C_1 = -k \cdot t + \ln C_0$. Nous traçons donc $\ln C_1 = f(t)$(carrés noirs), et si nous obtenons une droite, nous aurons alors validé *a posteriori* que la réaction est d'ordre 1.

Nous pouvons également faire apparaître sur le graphique $C_1 = f(t)$ (ronds noirs).

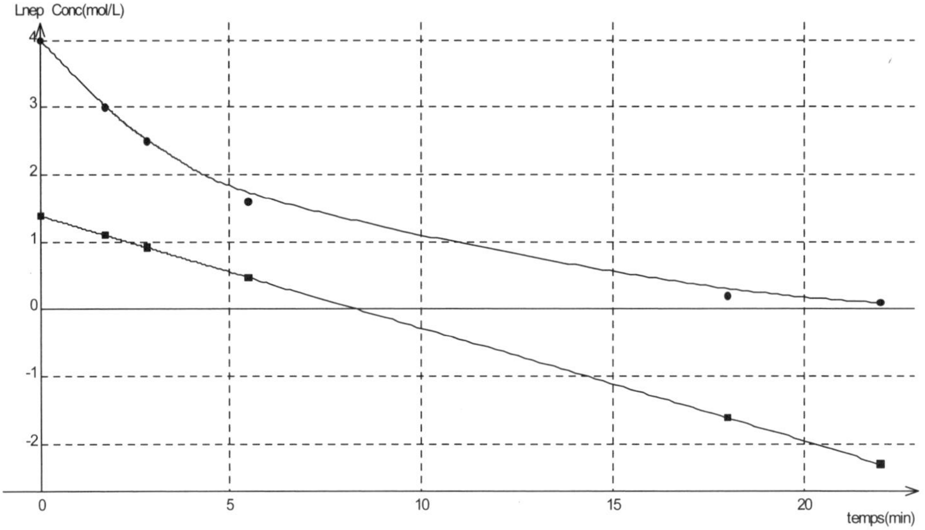

Nous observons sur le graphique que les points sont bien alignés, ce qui confirme l'ordre 1.

La pente de cette droite étant égale à $-k$, nous trouvons $k = 0{,}167\ \text{min}^{-1}$.

Remarque

Souvenez-vous que les constantes ont des unités qui dépendent de l'ordre de la réaction.

c. À 18 min, il ne reste qu'une concentration d'éthanol dans l'estomac de $0{,}2\ \text{mol}\cdot\text{L}^{-1}$, soit une quantité de 0,05 mol sur la mole initiale ingérée. Il est donc passé dans le sang une quantité d'alcool de 0,95 mol.

Le volume de l'ensemble des fluides étant de 40 L, la concentration C_2 est égale à $C_2 = 0{,}023\,7\ \text{mol}\cdot\text{L}^{-1}$.

d. La vitesse est donnée par la relation :$v_2 = k_2\,[\text{Alcool}] = -\dfrac{d\,[\text{Alcool}]}{dt}$, puisque l'alcool est un réactif lors de sa propre oxydation.

e. Le tracé de la courbe $[\text{Alcool}] = f(t)$ permet de valider *a posteriori* l'ordre zéro puisque nous obtenons une droite comme le montre le graphique ci-dessous.

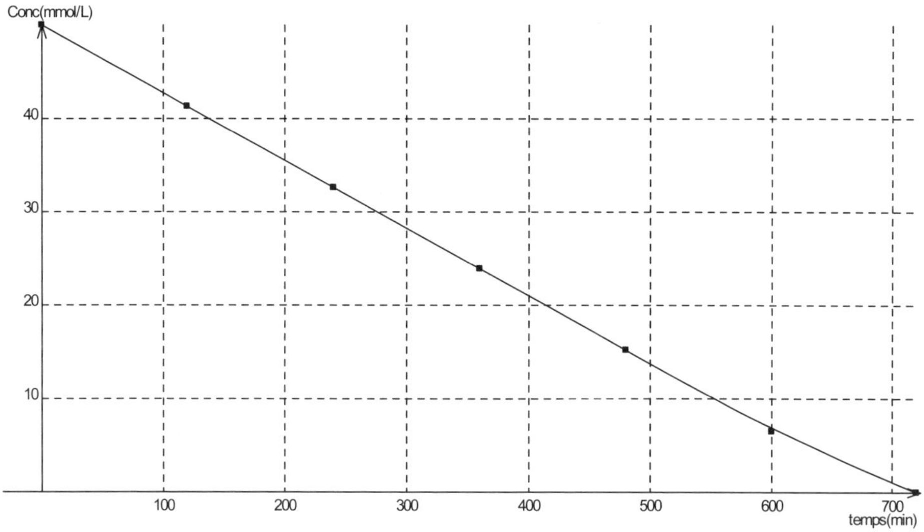

La pente de cette droite étant égale à $-k_2$, nous obtenons :

$$k_2 = 7{,}05 \cdot 10^{-5}\ \text{mol} \cdot \text{L}^{-1} \cdot \text{min}^{-1}.$$

Exercice 4.8

***

Étude cinétique de la saponification (d'après CAPES, 1994)

On considère la réaction de saponification de l'ester nommé acétate d'éthyle (ou éthanoate d'éthyle) par l'hydroxyde de sodium. Les concentrations initiales des deux réactifs sont égales à $1{,}00 \cdot 10^{-2}$ mol·L^{-1}.

L'équation de cette réaction est : ester + HO^- $\xrightarrow{\Delta}$ acide + alcool .

a. Définir la vitesse de la réaction. L'exprimer par rapport à la concentration de chaque constituant du milieu réactionnel.

b. Exprimer la vitesse de disparition de l'ester en fonction des concentrations des réactifs. On notera k la constante de vitesse, a et b les ordres partiels respectivement par rapport à l'ester et à l'ion hydroxyde, et C la concentration de l'ester.

c. Proposer une méthode expérimentale pour suivre la vitesse de cette réaction.

Au cours du temps, on observe l'évolution de la concentration en ester ; les résultats sont rassemblés dans le tableau ci-dessous pour une température de 20 °C.

Temps (min)	2	3	4	5	6	10
$C \cdot 10^3$ mol·L^{-1}	8,10	7,40	6,80	6,30	5,90	4,65

d. Établir la loi de vitesse en supposant que l'ordre global de la réaction est de 2.

e. Le vérifier par une méthode graphique que l'on justifiera.

f. Déterminer les valeurs de la constante de vitesse et du temps de demi-réaction.

g. Sachant que l'énergie d'activation de cette réaction est de 80 $\text{kJ}\cdot\text{mol}^{-1}$, que devient $t_{1/2}$ à 60 °C ? ($R = 8,314$ SI.) Conclure.

a. La vitesse de réaction se définit à partir de l'ensemble des constituants du milieu réactionnel sous la forme :

$$v = -\frac{d\,[\text{ester}]}{dt} = -\frac{d\left[\text{HO}^-\right]}{dt} = \frac{d\,[\text{acide}]}{dt} = \frac{d\,[\text{alcool}]}{dt}$$

puisque tous les nombres stœchiométriques de l'équation sont égaux à 1.

b. La vitesse est donc : $v = k\cdot C^a\left[\text{HO}^-\right]^b$.

c. La réaction produisant un acide et consommant une base, on peut suivre cette réaction en dosant l'acide formé ou la base restante (dosage acido-basique).

d. L'énoncé nous indiquant que la réaction est d'ordre global 2, nous obtenons :

$$v = -\frac{dC}{dt} = k\cdot C^a\left[\text{HO}^-\right]^b \quad \text{avec} \quad a + b = 2.$$

L'énoncé indiquant que les concentrations initiales des deux réactifs étant égales, et leurs nombres stœchiométriques dans l'équation étant également égaux, nous en déduisons que leurs concentrations sont toujours identiques.

La vitesse devient donc :

$$v = -\frac{dC}{dt} = k\cdot C^{a+b} = k\cdot C^2 \Rightarrow \frac{dC}{C^2} = -k\cdot dt$$

$$\Rightarrow \int_{C_0}^{C}\frac{dC}{C^2} = -k\int_0^t dt \Rightarrow -\frac{1}{C} + \frac{1}{C_0} = -k\cdot t$$

e. En traçant $\frac{1}{C} = kt + \frac{1}{C_0}$(modèle de loi cinétique d'ordre 2), nous obtenons :

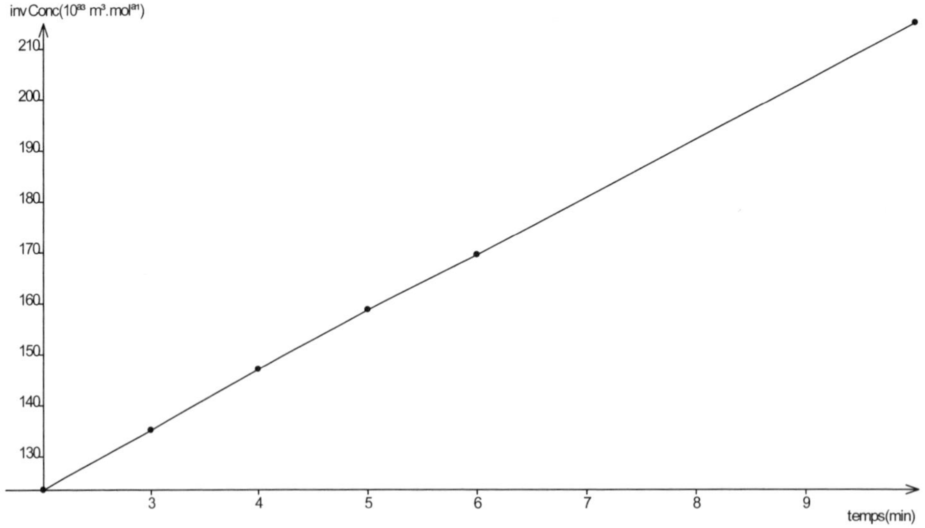

L'obtention d'une droite permet de valider *a posteriori* l'ordre 2 pour cette réaction.

f. L'analyse de cette droite permet d'accéder à la valeur de k donnée par la pente de la droite, soit $k = 11{,}4\ \mathrm{L \cdot mol^{-1} \cdot min^{-1}}$.
Le temps de demi-réaction est donné par la relation :

$$t_{1/2} = \frac{1}{C_0 \cdot k} = \frac{1}{1{,}00 \cdot 10^{-2} \times 11{,}4} = 8{,}8 \text{ min.}$$

g. Si l'on augmente la température de T_1 à T_2, la constante passe de la valeur k_1 à k_2 avec la relation :

$$\ln \frac{k_2}{k_1} = \frac{E_a}{R}\left(\frac{1}{T_1} - \frac{1}{T_2}\right)$$

Nous calculons ainsi nouvelle valeur de la constante de la réaction k_2 :

$$\ln k_2 - \ln k_1 = \frac{E_a}{R}\left(\frac{1}{T_1} - \frac{1}{T_2}\right)$$

$$\ln k_2 = \frac{E_a}{R}\left(\frac{1}{T_1} - \frac{1}{T_2}\right) + \ln k_1$$

$$\ln \mathrm{k}_2 = \frac{80.10^3}{8{,}314} \times \left(\frac{1}{(20+273)} - \frac{1}{(60+273)}\right) + \ln 11{,}4 = 6{,}38$$

Donc $k_2 = 589\ \mathrm{L \cdot mol^{-1} \cdot min^{-1}}$
Nous accédons donc à la nouvelle valeur de $t_{1/2}$:

$$t_{1/2} = \frac{1}{C_0 \cdot k} = \frac{1}{1{,}00 \cdot 10^{-2} \times 589} = 0{,}17 \text{ min.}$$

Nous constatons donc qu'une élévation de 40 °C a considérablement accéléré la réaction.

Exercice 4.9 : Dismutation du thiosulfate (d'après CAPES, 2003)

**

Une solution aqueuse de thiosulfate de sodium est amenée à un pH proche de 0 par addition d'acide chlorhydrique. Dans ces conditions, l'ion thiosulfate se dismute et l'on observe l'apparition d'un trouble laiteux selon la réaction d'équation :

$$2H^+ + S_2O_3^{2-} \quad \rightarrow \quad S + H_2SO_3.$$

On se propose d'étudier la cinétique de cette réaction.

a. Quels sont les facteurs cinétiques susceptibles de modifier la vitesse de cette réaction ?

L'étude expérimentale montre que la vitesse de disparition v de $S_2O_3^{2-}$ dépend des concentrations en ions hydrogène et en ions thiosulfate.

On pose $v = k\,[H^+]^\alpha\,[S_2O_3^{2-}]^\beta$ et $\alpha = \beta = 1$.

b. Comment s'appellent α, β et $\alpha + \beta$?

c. Comment s'exprime la vitesse v ?

On réalise ensuite l'expérience suivante : à la date $t = 0$, on mélange une solution de thiosulfate de sodium de concentration C_0 et une solution d'acide chlorhydrique de concentration C_a dans un bécher posé sur un journal. On note la date T à laquelle on ne peut plus lire le texte, vu de dessus, à travers le mélange. L'opération est répétée avec la même concentration initiale C_0 en thiosulfate de sodium mais pour différentes concentrations en acide C_a toujours en large excès par rapport au thiosulfate. Le volume reste le même dans tous les cas. On trouve que le produit $C_a \cdot T$ est quasi constant dans toutes les expériences.

d. Exprimer et résoudre dans ces conditions l'équation différentielle en $[S_2O_3^{2-}]$.

e. Montrer que le résultat expérimental confirme la valeur $\alpha = 1$.

a. Les facteurs cinétiques intervenant ici sont :

- la concentration initiale des réactifs. L'un de ces réactifs étant les ions oxonium, le pH est donc un facteur cinétique ;
- la température.

b. α et β sont les ordres partiels de la réaction, respectivement par rapport aux ions oxonium et aux ions thiosulfate.

$\alpha + \beta$ correspond à l'ordre global de la réaction.

c. La vitesse s'exprime par la relation : $v = -\dfrac{d\left[S_2O_3^{2-}\right]}{dt} = k\left[H_3O^+\right]\left[S_2O_3^{2-}\right]$ puisque les ordres partiels sont égaux à 1.

Mais puisque la concentration en ions oxonium est toujours en large excès par rapport à celle en ions thiosulfate, il y a donc dégénérescence de l'ordre :

$$v = -\frac{d\left[S_2O_3^{2-}\right]}{dt} = k_{\text{app}}\left[S_2O_3^{2-}\right] = k_{\text{app}}C$$

avec la constante apparente de la réaction $k_{\text{app}} = k \cdot C_a$

d. La résolution de l'équation différentielle nous amène donc à $\ln C - \ln C_0 = -k_{\text{app}}t$

e. Pendant le temps T, il se forme dans chaque expérience la même quantité de soufre, puisque l'acide est toujours en large excès. La concentration en ions thiosulfate C est donc la même, et la différence $\ln C - \ln C_0$ est constante.

Nous en déduisons que le produit $k_{\text{app}} \cdot T$ est également constant.

Donc la relation $k_{\text{app}} = k \cdot C_a^{\alpha}$ se transforme en $k_{\text{app}}T = k \cdot C_a^{a} \cdot T = \text{Cste}$. Comme le produit $C_a \cdot T$ est lui aussi une constante, nous en déduisons que l'ordre partiel α vaut 1.

Exercice 4.10 : Réactions complexes (d'après BTS chimie 1997)

***

À 270 °C, le chlorure de sulfuryle SO_2Cl_2 noté A se dissocie totalement selon l'équation bilan : $SO_2Cl_{2(g)} = SO_{2(g)} + Cl_{2(g)}$.

Tous les constituants sont gazeux et assimilés à des gaz parfaits.

Dans un récipient de volume constant, préalablement vide, on introduit du chlorure de sulfuryle et l'on porte le tout à 270 °C. On suit l'évolution de la réaction par mesure de la pression totale P dans le récipient, on obtient les résultats suivants.

t (min)	0	50	100	150	200	250
P (mmHg)	306	330	351	371	390	407
P (Pa)	40 786	43 985	46 784	49 450	51 982	54 248

a. En supposant une cinétique d'ordre 1, donner l'expression de la pression partielle P_A de chlorure de sulfuryle en fonction de la pression initiale notée P_0 de la constante de vitesse k et du temps t :

b. Montrer que : $P_A = 2P_0 - P$.

c. Vérifier que les résultats expérimentaux sont conformes à une cinétique d'ordre 1.

d. Calculer la constante de vitesse k.

e. Calculer le temps de demi-réaction à 270 °C.

f. On donne le temps de demi-réaction obtenu pour deux températures d'étude : $T_1 = 280$ °C ; $t_{1/2}(1) = 187{,}00$ min. $T_2 = 330$ °C ; $t_{1/2}(2) = 4{,}21$ min.
En déduire l'énergie d'activation de la réaction.

g. On admet l'intervention d'un mécanisme radicalaire :

$$SO_2Cl_2 \xrightarrow{k_1} SO_2Cl^\bullet + Cl^\bullet$$

$$SO_2Cl^\bullet \xrightarrow{k_2} SO_2 + Cl^\bullet$$

$$SO_2Cl_2 + Cl^\bullet \xrightarrow{k_3} SO_2Cl^\bullet + Cl_2$$

$$SO_2Cl^\bullet + Cl^\bullet \xrightarrow{k_4} SO_2 + Cl_2$$

k_1, k_2, k_3, k_4 sont les constantes de vitesse associées aux étapes élémentaires.
Établir en appliquant l'approximation des états quasi stationnaires aux intermédiaires $SO_2Cl^\bullet$ et $Cl^\bullet$, l'expression des concentrations molaires de ces espèces en fonction des constantes de vitesse k_1, k_2, k_3, k_4 et éventuellement des concentrations molaires des espèces chimiques intervenant dans l'équation bilan.
En déduire la loi de vitesse de la réaction étudiée.

a. Dans le cas des gaz, la pression partielle « remplaçant » la concentration dans le cas des solutés, l'expression de la vitesse devient :

$$v = -\frac{dP_A}{dt} = k \cdot P_A.$$

Ce qui nous permet d'obtenir par intégration, sachant que l'ordre global de la réaction est de 1, l'expression : $\ln P_A - \ln P_0 = -k \cdot t$.

b. Nous établissons un tableau d'avancement de la réaction qui nous donne :

	$SO_2Cl_{2(g)}$	$SO_{2(g)}$	$Cl_{2(g)}$
État initial	n	0	0
En cours de réaction	$n - x$	x	x

D'après la loi des gaz parfaits, $n = \frac{P_0 \cdot V}{R \cdot T}$ (1) et $n - x = \frac{P_A \cdot V}{R \cdot T}$ (2).
Le nombre total de moles de gaz du récipient donnant une pression totale de P est, lui, de $n + x = \frac{P \cdot V}{R \cdot T}$ (3).

En additionnant (2) et (3), nous obtenons $2n = (P_A + P)\left(\frac{V}{R \times T}\right)$ (4).

En plaçant (1) dans (4), nous obtenons alors :

$$2P_0\left(\frac{V}{R \times T}\right) = (P_A + P)\left(\frac{V}{R \times T}\right),$$

soit l'expression demandée $2P_0 = P_A + P \Rightarrow P_A = 2P_0 - P$.

c. Nous isolons facilement du tableau de mesure la valeur de P_0 égale à 40 786 Pa. Nous pouvons donc calculer P_A par la relation précédente, puis tracer le graphique $\ln(P_A) = f(t)$.

P (Pa)	Temps (min)	P_A (Pa)	$\ln P_A$
40 790	0	40 790	10,62
43 990	50	37 600	10,53
46 780	100	34 800	10,46
49 450	150	32 130	10,38
51 980	200	29 600	10,30
54 250	250	27 330	10,22

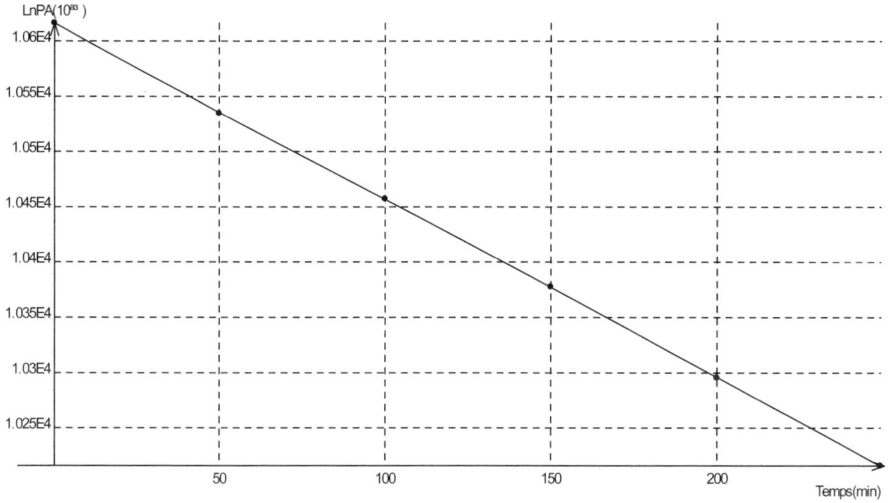

L'obtention d'une droite confirme l'ordre 1 de la réaction.

d. La pente de la droite valant $-k$, on trouve pour k : $1{,}6 \cdot 10^{-3}$ min^{-1}.

e. Pour une réaction d'ordre 1, le temps de demi-réaction est donné par la relation $t_{1/2} = \dfrac{\ln 2}{k}$, soit 433,2 min.

f. Grâce aux deux valeurs de temps de demi-réaction, nous allons pouvoir calculer les constantes de vitesse k_1 et k_2 à ces deux températures :

$$k_1 = \frac{\ln 2}{t_{1/2}} = \frac{\ln 2}{187} = 3{,}70 \cdot 10^{-3} \text{ min}^{-1}$$

$$k_2 = \frac{\ln 2}{t_{1/2}} = \frac{\ln 2}{4{,}21} = 0{,}164 \text{ min}^{-1}$$

Nous appliquons ensuite la relation :

$$\ln \frac{k_2}{k_1} = \frac{E_a}{R}\left(\frac{1}{T_1} - \frac{1}{T_2}\right),$$

soit

$$E_a = \frac{R \ln \dfrac{k_2}{k_1}}{\dfrac{1}{T_1} - \dfrac{1}{T_2}} = \frac{8{,}314 \times \ln \dfrac{0{,}164}{3{,}70 \cdot 10^{-3}}}{\dfrac{1}{553} - \dfrac{1}{603}} = 210{,}2 \text{ kJ} \cdot \text{mol}^{-1}.$$

g. L'expression des lois de vitesse pour les quatre étapes proposées dans l'énoncé et l'application de l'état quasi stationnaire pour les deux espèces demandées nous amène à :

$$\frac{d\left[SO_2Cl^\bullet\right]}{dt} = k_1\left[SO_2Cl_2\right] - k_2\left[SO_2Cl^\bullet\right] + k_3\left[SO_2Cl_2\right]\left[Cl^\bullet\right] - k_4\left[SO_2Cl^\bullet\right]\left[Cl^\bullet\right] = 0$$

$$\frac{d\left[Cl^\bullet\right]}{dt} = k_1\left[SO_2Cl_2\right] + k_2\left[SO_2Cl^\bullet\right] - k_3\left[SO_2Cl_2\right]\left[Cl^\bullet\right] - k_4\left[SO_2Cl^\bullet\right]\left[Cl^\bullet\right] = 0.$$

En additionnant ces deux équations, nous obtenons :

$$2k_1\left[SO_2Cl_2\right] = 2k_4\left[SO_2Cl^\bullet\right]\left[Cl^\bullet\right] \Rightarrow \left[SO_2Cl^\bullet\right] = \frac{k_1\left[SO_2Cl_2\right]}{k_4\left[Cl^\bullet\right]}.$$

En soustrayant ces deux mêmes équations, nous obtenons :

$$2k_2\left[SO_2Cl^\bullet\right] = 2k_3\left[SO_2Cl_2\right]\left[Cl^\bullet\right] \Rightarrow \left[SO_2Cl^\bullet\right] = \frac{k_3\left[SO_2Cl_2\right]\left[Cl^\bullet\right]}{k_2}.$$

Soit $\left[Cl^\bullet\right] = \sqrt{\frac{k_1k_2}{k_3k_4}}$.

La loi par rapport à $[SO_2Cl_2]$de vitesse étant de la forme :

$$\frac{d\left[SO_2Cl_2\right]}{dt} = -k_1\left[SO_2Cl_2\right] - k_3\left[SO_2Cl_2\right]\left[Cl^\bullet\right]$$

il suffit de remplacer l'expression de la concentration de$\left[Cl^\bullet\right] = \sqrt{\frac{k_1k_2}{k_3k_4}}$ pour obtenir la relation finale :

$$\frac{d\left[SO_2Cl_2\right]}{dt} = -\left[SO_2Cl_2\right]\left\{k_1 + k_3\left(\sqrt{\frac{k_1k_2}{k_3k_4}}\right)\right\}.$$

Exercice 4.11

***

Réactions complexes entre le fer et l'iode (d'après BTS chimie, 2000)

Dans le domaine de pH où la réaction $2Fe^{3+}_{(aq)} + 2I^-_{(aq)} \rightarrow 2Fe^{2+}_{(aq)} + I_{2(aq)}$ est totale, on se propose de décrire sa cinétique. Des résultats expérimentaux ont permis de proposer la décomposition en actes élémentaires (toutes les espèces sont en solution) :

$$Fe^{3+} + I^- \xrightarrow{k_1} FeI^{2+}$$

$$FeI^{2+} \xrightarrow{k_2} Fe^{3+} + I^-$$

$$FeI^{2+} + I^- \xrightarrow{k_3} Fe^{2+} + I_2^-$$

$$Fe^{3+} + I_2^- \xrightarrow{k_4} Fe^{2+} + I_2$$

FeI^{2+} et I_2^- sont des intermédiaires très instables et très réactifs pour lesquels on pourra faire l'approximation de l'état stationnaire.

a. À partir de ce mécanisme, établir les expressions de $\frac{d\left[FeI^{2+}\right]}{dt}$ et de $\frac{d\left[I_2^-\right]}{dt}$.

b. Établir l'expression de la vitesse globale de réaction.

c. En supposant que l'on peut négliger k_2 devant $k_3[I^-]$, simplifier l'expression obtenue précédemment. Conclure.

a. D'après les différentes étapes du mécanisme de la réaction, nous obtenons les deux relations demandées :

$$\frac{d\left[FeI^{2+}\right]}{dt} = k_1\left[Fe^{3+}\right]\left[I^-\right] - k_2\left[FeI^{2+}\right] - k_3\left[FeI^{2+}\right]\left[I^-\right]$$

$$\frac{d\left[I_2^-\right]}{dt} = k_3\left[FeI^{2+}\right]\left[I^-\right] - k_4\left[Fe^{3+}\right]\left[I_2^-\right].$$

b. Puisque l'énoncé nous indique que ces espèces sont très réactives, nous appliquons donc l'approximation de l'état quasi stationnaire de Bodenstein, soit :

$$\frac{d\left[FeI^{2+}\right]}{dt} = 0 \quad \text{et} \quad \frac{d\left[I_2^-\right]}{dt} = 0.$$

Les relations précédentes nous amènent donc à :

$$k_1\left[Fe^{3+}\right]\left[I^-\right] - k_2\left[FeI^{2+}\right] - k_3\left[FeI^{2+}\right]\left[I^-\right] = 0 \qquad (1)$$

$$k_3\left[FeI^{2+}\right]\left[I^-\right] - k_4\left[Fe^{3+}\right]\left[I_2^-\right] = 0 \qquad (2)$$

L'expression de la vitesse globale de la réaction s'écrit :

$$v = \frac{d\left[Fe^{3+}\right]}{dt} = -k_1\left[Fe^{3+}\right]\left[I^-\right] + k_2\left[FeI^{2+}\right] - k_4\left[Fe^{3+}\right]\left[I_2^-\right] \qquad (3)$$

En additionnant (1), (2) et (3), nous aboutissons à :

$$\frac{d\left[Fe^{3+}\right]}{dt} = -2k_4\left[Fe^{3+}\right]\left[I_2^-\right] \qquad (4)$$

Il reste ensuite à faire apparaître dans cette équation les constantes « manquantes ».

D'après la relation (1), nous obtenons : $\left[FeI^{2+}\right] = \frac{k_1\left[Fe^{3+}\right]\left[I^-\right]}{k_2 + \left(k_3\left[I^-\right]\right)}$.

En injectant cette relation dans la relation (2), nous obtenons alors :

$$k_3\left\{\frac{k_1\left[Fe^{3+}\right]\left[I^-\right]}{k_2 + \left(k_3\left[I^-\right]\right)}\right\}\left[I^-\right] - k_4\left[Fe^{3+}\right]\left[I_2^-\right] = 0$$

$$\frac{k_3 k_1\left[Fe^{3+}\right]\left[I^-\right]^2}{k_2 + \left(k_3\left[I^-\right]\right)} - k_4\left[Fe^{3+}\right]\left[I_2^-\right] = 0$$

Nous divisons alors par la concentration en ions fer (III) :

$$\frac{k_3 k_1 \left[\mathrm{I}^-\right]^2}{k_2 + \left(k_3 \left[\mathrm{I}^-\right]\right)} - k_4 \left[\mathrm{I}_2^-\right] = 0$$

$$\frac{k_3 k_1 \left[\mathrm{I}^-\right]^2}{k_2 + \left(k_3 \left[\mathrm{I}^-\right]\right)} = k_4 \left[\mathrm{I}_2^-\right].$$

Cette dernière relation injectée dans (4) nous amène à :

$$\frac{d\left[\mathrm{Fe}^{3+}\right]}{dt} = -2\left[\mathrm{Fe}^{3+}\right]\left\{\frac{k_3 k_1 \left[\mathrm{I}^-\right]^2}{k_2 + \left(k_3 \left[\mathrm{I}^-\right]\right)}\right\}$$

$$\frac{d\left[\mathrm{Fe}^{3+}\right]}{dt} = \frac{-2k_3 k_1 \left[\mathrm{Fe}^{3+}\right]\left[\mathrm{I}^-\right]^2}{k_2 + \left(k_3 \left[\mathrm{I}^-\right]\right)}$$

c. Le fait que nous puissions négliger k_2 devant $k_3 \cdot [\mathrm{I}^-]$, nous permet de simplifier l'expression précédente en :

$$\frac{d\left[\mathrm{Fe}^{3+}\right]}{dt} = \frac{-2k_3 k_1 \left[\mathrm{Fe}^{3+}\right]\left[\mathrm{I}^-\right]^2}{k_3 \left[\mathrm{I}^-\right]} = -2k_1 \left[\mathrm{I}^-\right]\left[\mathrm{Fe}^{3+}\right].$$

La vitesse globale de la réaction obéit donc à la relation : $v = -2k_1 \left[\mathrm{I}^-\right]\left[\mathrm{Fe}^{3+}\right]$; Nous retrouvons dans cette expression l'intervention de la concentration des deux réactifs de la réaction (1) : il doit donc s'agir de l'étape cinétiquement limitante, puisque toute l'étude cinétique se ramène à l'étude de cette seule étape.

Cristaux atomiques 5

Ce qu'il faut savoir

Quelles sont les hypothèses concernant la structure des cristaux atomiques ?

On postule que tous les atomes sont des sphères identiques et parfaites, en contact les unes avec les autres sans interpénétration des nuages atomiques.

Toutes les structures sont elles compactes ?

Non. Il existe des atomes qui cristallisent dans les systèmes « classiques », mais dont la mesure des paramètres démontre que leur empilement n'est pas compact.

Qu'est ce que la compacité ?

Elle correspond au rapport du volume de l'ensemble des atomes constituant la maille sur le volume de cette maille.

On parle d'ailleurs parfois de coefficient de remplissage.

$$C = \frac{\text{Volume de l'ensemble des atomes de la maille}}{\text{Volume de la maille}}.$$

Son calcul nécessite la connaissance du nombre d'atomes par maille, calcul parfois délicat. En effet, lorsque l'on représente le schéma d'une maille, il ne faut pas oublier que les sphères représentant les atomes sont souvent partagées entre plusieurs mailles, et n'appartiennent donc pas en totalité à cette maille.

Seul un atome placé au sein d'une maille lui appartient en totalité.

Y a-t-il une valeur de compacité maximale ?

On considère que la compacité de la structure cubique à face centrée et de l'hexagonale compacte est la plus élevée, à savoir 74 %. Il reste donc 26 % d'espace libre dans ces structures.

À quoi correspondent les sites interstitiels ?

Lorsque l'on empile des sphères, il reste des espaces non occupés (comme le démontre la valeur de compacité qui n'est jamais de 100 %). Ces espaces « libres » ont des volumes dépendant des rayons des atomes qui se sont empilés.

Il existe ainsi deux types de sites interstitiels : des sites entourés par quatre atomes (sites tétraédriques) et d'autres entourés par huit atomes (sites octaédriques).

Exercice 5.1 : Autour de l'aluminium

* L'aluminium cristallise suivant un réseau cubique à faces centrées.

a. Représenter cette maille.

b. Indiquer la coordinence de l'atome dans cette maille.

c. Calculer la compacité de cette maille.

d. Sachant que le paramètre de la maille est de $a = 404$ pm, calculer le rayon de l'atome d'aluminium.

e. Calculer la masse volumique de l'aluminium. On donne $M_{\text{Al}} = 27\ \text{g}\cdot\text{mol}^{-1}$ et $N_A = 6,02\cdot 10^{23}$.

f. Quelles sont les interactions qui assurent la cohésion d'un cristal ?

a. Schéma de la maille cubique à faces centrées :

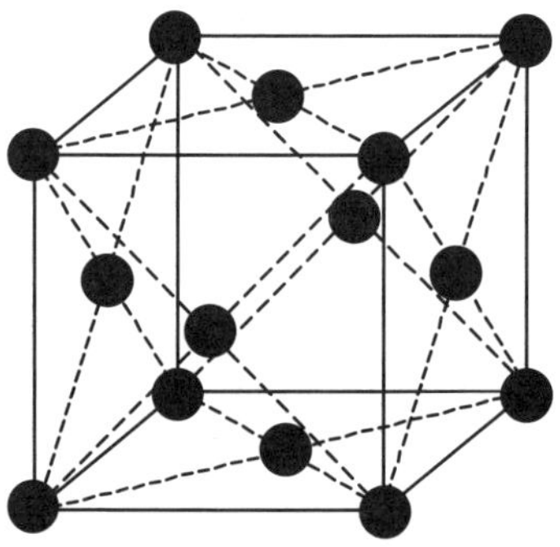

b. La coordinence est de 12 (chaque atome d'aluminium est en contact avec 12 autres atomes).

c. La compacité correspond au rapport du volume des atomes de la maille sur le volume de la maille.

Dans une maille cubique à faces centrées, on compte quatre atomes par maille, la maille ayant un volume de a^3, soit :

$$C = \frac{4 \times \frac{4}{3} \times \pi \times r^3}{a^3}.$$

La tangence entre les atomes se faisant suivant la diagonale de la face du cube d'arête a, nous avons : $a\sqrt{2} = 4r$.
La compacité devient donc :

$$C = \frac{4 \times \frac{4}{3} \times \pi \times r^3}{a^3} = \frac{4 \times \frac{4}{3} \times \pi \times r^3}{\left(\frac{4 \times r}{\sqrt{2}}\right)^3} = \frac{\pi\sqrt{2}}{6} = 0{,}74.$$

Il y a donc 74 % de l'espace occupé par les atomes, et 26 % de « vide » dans cette maille.

d. On nous donne $a = 404$ pm, et l'on sait que les atomes d'aluminium sont tangents suivant la diagonale de la face du cube, soit :

$$a\sqrt{2} = 4r$$

$$r = \frac{a\sqrt{2}}{4} = \frac{404\sqrt{2}}{4} = 142{,}83 \text{ pm.}$$

e. La masse volumique s'obtient par le rapport de la masse des atomes de la maille sur le volume de cette maille, soit :

$$\rho_{\text{Al}} = \frac{4 \times \text{masse d'un atome}}{a^3} = \frac{4 \times \frac{M_{\text{Al}}}{N_A}}{a^3} = \frac{4 \times \frac{27 \cdot 10^{-3}}{6{,}02 \cdot 10^{23}}}{\left(404 \cdot 10^{-12}\right)^3}.$$

On obtient par le calcul une masse volumique de 2 720 $\text{kg} \cdot \text{m}^{-3}$ (donnée théorique 2 699 $\text{kg} \cdot \text{m}^{-3}$).
Ce métal est extrêmement léger par rapport aux autres métaux, propriété recherchée dans certaines applications, aéronautiques notamment.

f. Le modèle le plus simple indique que le cristal métallique peut être considéré comme un ensemble d'ions positifs qui échangent des liaisons de covalence avec ses voisins. Ce sont ces liaisons qui assurent la cohésion du cristal.
Les électrons résultant de la formation des ions métalliques sont délocalisés sur toute la structure du métal. Il s'agit des électrons de conduction qui assurent la conduction électrique.

Exercice 5.2

* **Variétés allotropiques de l'uranium (d'après Mines et Ponts, 2000)**

L'uranium présente trois variétés allotropiques entre la température ambiante et sa température de fusion 1 130 °C. La phase α apparaît pour $T < 668$ °C. La phase β existe entre 668 et 775 °C. La phase γ est de structure cubique centrée pour 775 °C $< T <$ 1 132 °C.

a. Calculer la densité de la phase γ de l'uranium.

b. Commenter cette valeur.

c. Quelle utilisation (autre que les réactions nucléaires) basée sur cette densité peut-elle être faite de l'uranium ?
Données : $M_U = 238\ \text{g}\cdot\text{mol}^{-1}$; $a = 350$ pm ; $N_A = 6{,}023\cdot 10^{23}\ \text{mol}^{-1}$.

Remarque
Cet énoncé est un classique. Il existe en effet des corps qui cristallisent dans des systèmes différents en fonction de la température à laquelle ils sont soumis. Cela ne change évidemment rien à la résolution de l'exercice.

a. Toutes les caractéristiques de la maille cubique centrée ont été démontrées dans l'exercice précédent.
La masse volumique de l'uranium γ vaut donc :

$$\rho_U = \frac{4 \times \text{masse d'un atome}}{a^3} = \frac{4 \times \dfrac{M_U}{N_A}}{a^3} = \frac{4 \times \dfrac{238\cdot 10^{-3}}{6{,}023\cdot 10^{23}}}{\left(350\cdot 10^{-12}\right)^3} = 36\,865\ \text{kg}\cdot\text{m}^{-3}.$$

La densité est égale à la masse volumique si l'unité de cette dernière est telle que la masse volumique de l'eau vaut 1.
Ayant ici la masse volumique en $\text{kg}\cdot\text{m}^{-3}$, nous avons que la masse volumique de l'eau vaut alors $1\,000\ \text{kg}\cdot\text{m}^{-3}$. La densité de l'uranium vaut donc 36,87.

Remarque
Le calcul de la densité est un piège classique, car on calcule le plus souvent la masse volumique : il faut donc savoir transposer rapidement l'une en l'autre.
Rappelons au passage que la densité, contrairement à la masse volumique, n'a pas d'unité.

b. Nous remarquons donc l'extrême densité de l'uranium par rapport aux autres métaux.

c. Cette caractéristique est utilisée pour la fabrication des pointes de certains obus antichars de l'armée (obus dit à l'uranium appauvri).

Exercice 5.3 : Étude du fer (d'après Agrégation)

* Le fer métallique peut cristalliser suivant deux structures :
– fer α : structure cubique centrée de paramètre a_α.
– fer γ : structure cubique à faces centrées de paramètre a_γ.

a. Représenter schématiquement ces deux réseaux.

b. Calculer pour chacun la compacité. Conclure.

c. Des mesures donnent $a_\alpha = 0{,}291$ nm et $a_\gamma = 0{,}365$ nm. Calculer pour chaque structure le rayon métallique du fer.

d. Proposer une explication au fait que l'on trouve deux valeurs différentes.

a. Nous représentons les mailles cubiques centrées et cubiques à faces centrées.

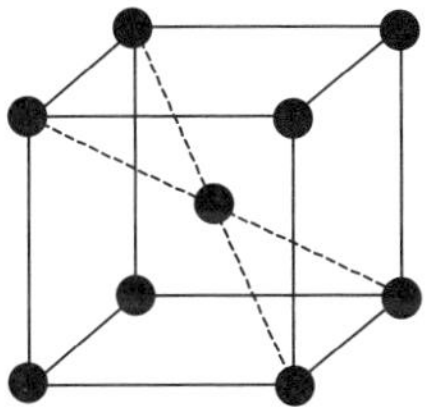

Fer α

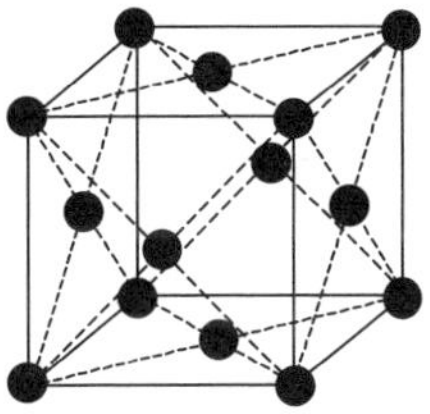

Fer γ

b. Compacité de la maille cubique à face centrée :

Quatre atomes par maille, tangence suivant la diagonale de la face du cube d'arête a.

$$C = \frac{4 \times \frac{4}{3} \times \pi \times r^3}{a^3} = \frac{4 \times \frac{4}{3} \times \pi \times r^3}{\left(\frac{4 \times r}{\sqrt{2}}\right)^3} = \frac{\pi\sqrt{2}}{6} = 0{,}74.$$

Compacité de la maille cubique centrée :

deux atomes par maille, tangence suivant la diagonale du cube d'arête a.

$$C = \frac{2 \times \frac{4}{3} \times \pi \times r^3}{a^3} = \frac{2 \times \frac{4}{3} \times \pi \times r^3}{\left(\frac{4 \times r}{\sqrt{3}}\right)^3} = \frac{\pi\sqrt{3}}{8} = 0{,}68.$$

La compacité est plus faible dans une structure cubique centrée que dans une structure cubique à face centrée : le taux de remplissage est donc plus faible.

c. Structure cubique à face centrée :

$$a_\gamma\sqrt{2} = 4r_\gamma \Rightarrow r_\gamma = \frac{a_\gamma\sqrt{2}}{4} = \frac{0{,}365 \times \sqrt{2}}{4} = 0{,}129 \text{ nm} = 129 \text{ pm}.$$

Structure cubique centrée :

$$a_\alpha\sqrt{3} = 4r_\alpha \Rightarrow r_\alpha = \frac{a_\alpha\sqrt{3}}{4} = \frac{0{,}291 \times \sqrt{3}}{4} = 0{,}126 \text{ nm} = 126 \text{ pm}.$$

d. Puisque nous obtenons deux valeurs différentes, nous en concluons que le rayon de l'atome n'est pas constant mais qu'il dépend de la structure cristalline dans laquelle il se trouve.

Exercice 5.4 : Structure du magnésium (d'après Capes)

** Le magnésium métal cristallise dans une structure hexagonale compacte qu'on admettra idéale, de paramètre $a = 320$ pm.

a. Représenter la maille élémentaire de cette structure (prisme droit à base losange).

b. Calculer la compacité de cette structure.

c. Calculer la masse volumique de ce cristal.

d. Sachant que la masse volumique du fer est de 7 860 $kg \cdot m^{-3}$, en déduire un avantage dans l'utilisation du magnésium.

e. Vérifier que l'emploi de 30 kg de magnésium à la place du fer pour réaliser la structure des « coccinelles » de Volkswagen a permis le transport d'une personne supplémentaire.
Masse molaire Mg : 24, 3 $g \cdot mol^{-1}$.

a. Structure de la maille hexagonale compacte :

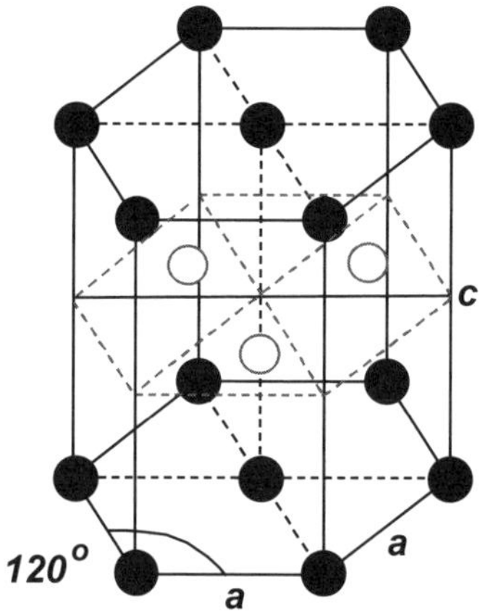

b. Le calcul de la compacité est relativement délicat car le calcul du volume de la maille est complexe. Il existe d'ailleurs différentes méthodes pour y aboutir.

Nous allons ici choisir celle qui consiste à calculer la surface du losange de la base à partir de la surface des triangles qui la compose, puis à multiplier cette surface par la hauteur c de la maille.

Surface de l'hexagone :

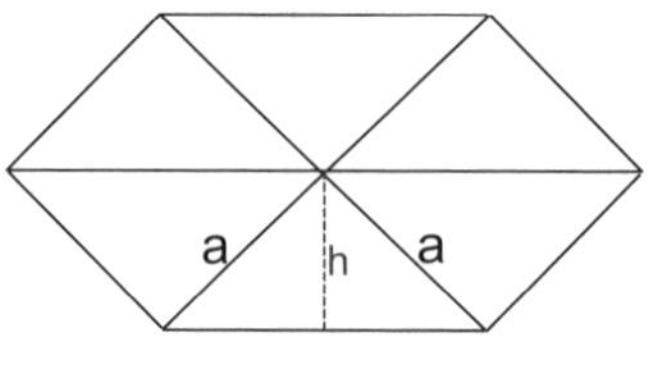

L'hexagone contient six triangles équilatéraux de coté a et de hauteur h. Appliquons le théorème de Pythagore pour trouver la valeur de la hauteur h du triangle :

$$a^2 = \left(\frac{a}{2}\right)^2 + h^2 \Rightarrow h = a\frac{\sqrt{3}}{2}.$$

La surface du triangle vaut donc $\dfrac{ah}{2} = \dfrac{a\left(\dfrac{a\sqrt{3}}{2}\right)}{2} = \dfrac{a^2\sqrt{3}}{4}$.
La surface de l'hexagone vaut six fois cette surface de triangle, soit

$$6\frac{a^2\sqrt{3}}{4} = \frac{3a^2\sqrt{3}}{2}.$$

Il reste à déterminer la hauteur c de la maille.
Entre chaque plan, nous pouvons dessiner un tétraèdre régulier dont nous allons déterminer la hauteur h' :

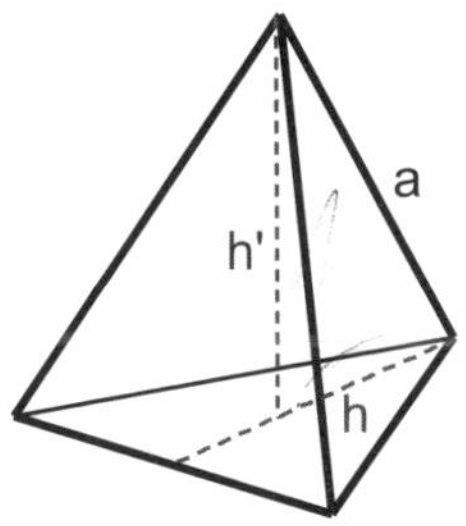

Le théorème de Pythagore nous amène à :

$$a^2 = h'^2 + \left(\frac{2}{3}\cdot h\right)^2 = h'^2 + \left(\frac{2}{3}\cdot\frac{a\sqrt{3}}{2}\right)^2 = h'^2 + \frac{a^2}{3}$$

$$h' = a\frac{\sqrt{2}}{\sqrt{3}}.$$

La hauteur c de la maille valant deux fois cette hauteur h' du tétraèdre, nous obtenons pour le volume V de la maille :

$$V = \text{surface de l'hexagone} \times c = \left(\frac{3a^2\sqrt{3}}{2}\right)\left(2\frac{a\sqrt{2}}{\sqrt{3}}\right).$$

$$V = 3a^3\sqrt{2}.$$

La compacité vaut donc : $C = \dfrac{6 \times \dfrac{4}{3}\pi r^3}{3a^3\sqrt{2}}$, avec $a = 2\,r$ (tangence entre les atomes suivants la base du losange), soit :

$$C = \frac{6 \times \dfrac{4}{3}\pi\left(\dfrac{a}{2}\right)^3}{3a^3\sqrt{2}} = \frac{\pi}{3\sqrt{2}} = 0{,}74.$$

La compacité de cette maille est identique à celle de la maille cubique à faces centrées.

c. La masse volumique est le rapport de la masse des atomes de la maille sur le volume de cette maille. Dans une structure hexagonale compacte, il y a six atomes par maille :

- 3 atomes dans le plan intermédiaire ;
- 12 atomes formant les deux hexagones mais appartenant chacun à six mailles, donc ne comptant que pour deux atomes ;
- 2 atomes au centre des losanges appartenant à deux mailles, donc ne comptant que pour un seul atome.

Nous obtenons donc pour la masse volumique du magnésium :

$$\rho_{\text{Mg}} = \frac{6\left(\dfrac{M_{\text{Mg}}}{N_A}\right)}{3a^3\sqrt{2}} = \frac{6\left(\dfrac{24{,}3\cdot 10^{-3}}{6{,}02\cdot 10^{23}}\right)}{3\times\left(320\cdot 10^{-12}\right)^3\sqrt{2}} = 1\,742{,}1\ \text{kg}\cdot\text{m}^{-3}.$$

d. Les deux valeurs montrent bien la légèreté du magnésium par rapport au fer.

e. Une masse de 30 kg de magnésium correspond à un volume de :

$$\rho = \frac{m}{V} \Rightarrow V = \frac{m}{\rho} = \frac{30}{1\,742{,}1} = 1{,}72\cdot 10^{-2}\ \text{m}^3.$$

Pour ce même volume, la masse de fer est de :

$$m = \rho \times V = 7\,860 \times 1{,}72\cdot 10^{-2} = 135{,}2\ \text{kg}.$$

Soit largement la masse d'une personne.

Exercice 5.5 : Structure du cobalt

* On désire vérifier que l'hypothèse selon laquelle le cobalt cristallise dans un réseau hexagonal de type compact est exacte. On dispose des données suivantes : $a = 252$ pm et la hauteur de la maille $c = 452$ pm.

a. Vérifier que l'hypothèse est correcte.

b. Dans l'affirmative, calculer le rayon de l'atome de cobalt.

a. Nous savons que pour une structure hexagonale compacte, le rapport théorique de la hauteur c de la maille sur le paramètre a vaut $\dfrac{c}{a} = \dfrac{2\sqrt{2}}{3} = \sqrt{\dfrac{8}{3}} = 1{,}633$ (la démonstration a été faite à l'exercice précédent).

D'après les données de l'énoncé, nous obtenons un rapport $\dfrac{c}{a}$ de 1,635, soit un écart par rapport à la valeur théorique de 0,12 %.
Nous pouvons donc considérer que l'hypothèse formulée est correcte.

b. Nous savons qu'il y a tangence suivant le côté de la maille de paramètre a, soit $2R = a$.
R vaut donc 126 pm.

Exercice 5.6 : Alliage cuivre argent

** Le cuivre cristallise suivant une structure cubique à faces centrées.

a. Représenter la maille.

b. Calculer le rayon atomique du cuivre.

On considère l'alliage cuivre-argent, dont la structure est également cubique à faces centrées, des atomes d'argent remplaçant les atomes de cuivre aux huit sommets dans le motif initial.

c. Commet nomme-t-on ce type d'alliage ?

d. Calculer la nouvelle valeur a' de l'arête de la maille, sachant que le rayon atomique de l'atome d'argent est de 144 pm.

e. Déterminer la masse volumique de cet alliage ainsi que son titre massique en argent.
Masses molaires : Cu : 63,5 $g \cdot mol^{-1}$ et Ag : 108 $g \cdot mol-^{1}$.
Masse volumique du cuivre : 8 920 $kg \cdot m^{-3}$.

a. Schéma de la maille cubique à faces centrées :

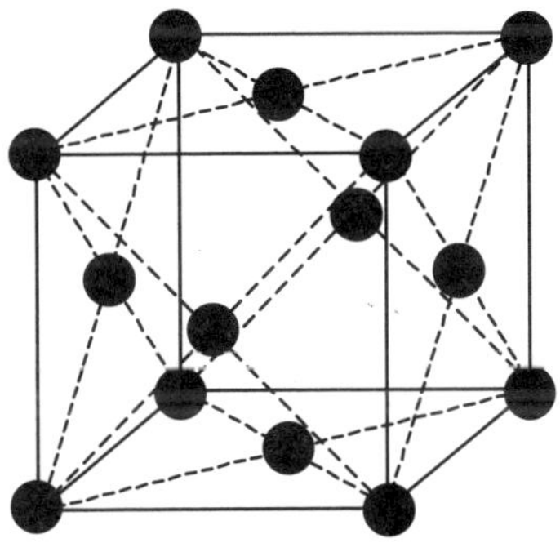

b. Sachant qu'il y a quatre atomes par maille cfc, et connaissant la masse volumique du cuivre, nous pouvons en déduire le paramètre a de la maille :

$$\rho_{Cu} = \frac{4 \times \text{masse d'un atome}}{a^3} = \frac{4 \times \dfrac{M_{Cu}}{N_A}}{a^3}$$

$$a = \sqrt[3]{\frac{4 \times \dfrac{M_{Cu}}{N_A}}{\rho_{Cu}}} = \sqrt[3]{\frac{4 \times \dfrac{63{,}5 \cdot 10^{-3}}{6{,}02 \cdot 10^{23}}}{8\,920}} = 361{,}7 \text{ pm.}$$

Remarque
Prenez garde à la cohérence des unités de masse dans cette formule : si la masse volumique est exprimée en kg/unité de volume, il faut que la masse volumique soit en $kg \cdot mol^{-1}$.
De même, le résultat de a sera fonction de l'unité de volume de la masse volumique (ici en m^3, donc a en mètres).

La tangence entre les atomes se faisant suivant la diagonale de la face du cube, nous obtenons :

$$a\sqrt{2} = 4r$$

$$r_{\text{Cu}} = \frac{a\sqrt{2}}{4} = \frac{361{,}7 \times \sqrt{2}}{4} = 127{,}9 \text{ pm.}$$

c. Ce type d'alliage est un alliage par substitution (un atome d'un métal remplace un atome d'un autre métal).

d. La tangence se fait toujours suivant la diagonale de la face du cube, mais avec des atomes d'argent aux sommets de la maille, soit :

$$a'\sqrt{2} = 2r_{\text{Cu}} + 2r_{ag}$$

$$a' = \frac{2r_{\text{Cu}} + 2r_{ag}}{\sqrt{2}} = \frac{2\,(127{,}9 + 144)}{\sqrt{2}} = 384{,}5 \text{ pm.}$$

La maille s'est donc légèrement agrandie.

e. La masse volumique s'obtient en considérant que sur les quatre atomes formant la maille, un correspond à un atome d'argent, et trois sont toujours des atomes de cuivre.

$$\rho_{\text{Cu}} = \frac{\left(3 \times \dfrac{M_{\text{Cu}}}{N_A}\right) + \left(\dfrac{M_{\text{Ag}}}{N_A}\right)}{a'^3}$$

$$= \frac{\left(3 \times \dfrac{63{,}5 \cdot 10^{-3}}{6{,}02 \cdot 10^{23}}\right) + \left(\dfrac{108 \cdot 10^{-3}}{6{,}02 \cdot 10^{23}}\right)}{\left(384{,}5 \cdot 10^{-12}\right)^3} = 8\,722 \text{ kg} \cdot \text{m}^{-3}.$$

Cet alliage est donc légèrement moins dense que le cuivre de départ.
Le titre massique correspond au pourcentage en masse d'argent dans cet alliage, c'est-à-dire au rapport de la masse d'un atome d'argent sur la masse totale des atomes de la maille :

$$\%_{\text{Ag}} = \frac{\left(\dfrac{M_{\text{Ag}}}{N_A}\right)}{\left(3 \times \dfrac{M_{\text{Cu}}}{N_A}\right) + \left(\dfrac{M_{\text{Ag}}}{N_A}\right)} \times 100 = 36{,}2\ \%.$$

Exercice 5.7 : Alliage or-nickel

*** L'or métallique cristallise dans un réseau cubique à faces centrées (cfc). Le rayon des atomes d'or vaut $R_{\text{Au}} = 144{,}2$ pm.

L'or peut former des alliages par insertion ou substitution.

a. Définir ces deux types d'alliage.

b. Représenter schématiquement la maille élémentaire de l'or.

c. Calculer le paramètre a de cette maille.

d. Représenter les deux types de sites après les avoir définis.

e. Donner la condition pour qu'un atome étranger, de rayon R_0, puisse occuper un site octaédrique, puis le rayon R_T pour l'occupation d'un site tétraédrique.

L'or blanc des joailliers est un alliage d'or et de nickel. Le nickel a un rayon métallique $R_{\text{Ni}} = 124{,}6$ pm.

f. Montrer que le nickel ne peut pas former d'alliage d'insertion avec l'or.

g. Sachant que dans l'alliage or-nickel un atome d'or par maille (situé au sommet de la maille) est substitué par un atome de nickel, calculer le nouveau paramètre a' de la maille. La masse volumique de cet alliage est $17{,}63\ \text{g}\cdot\text{cm}^{-3}$.
Données $M_{\text{Au}} = 197\ \text{g}\cdot\text{mol}^{-1}$; $M_{\text{Ni}} = 58{,}7\ \text{g}\cdot\text{mol}^{-1}$.

a. **Dans un alliage par insertion**, des atomes d'un métal viennent occuper tout ou partie des sites interstitiels de la maille créée par les atomes d'un autre métal.
Dans un alliage par substitution, des atomes d'un métal remplace les atomes d'un autre métal en prenant leur place dans la maille.

b. Maille cubique à faces centrées :

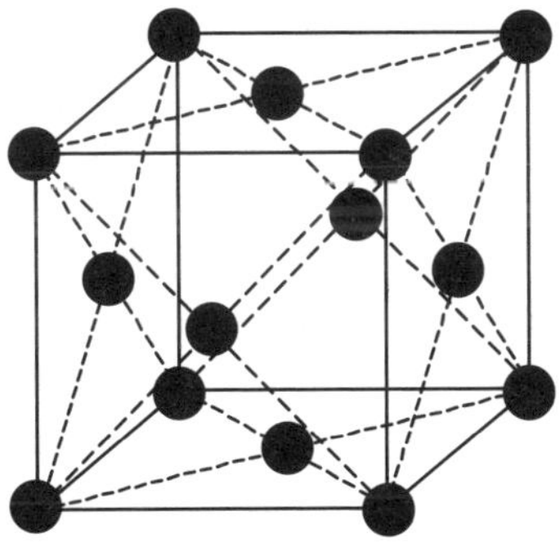

c. Sachant que les atomes d'or sont tangents suivant la diagonale de la face du cube, nous obtenons :

$$a\sqrt{2} = 4R_{\text{Au}}$$

$$a = \frac{4R_{\text{Au}}}{\sqrt{2}} = \frac{4 \times 144{,}2}{\sqrt{2}} = 407{,}9 \text{ pm.}$$

d. **Sites tétraédriques** : cavités situées au centre d'un tétraèdre régulier constitué par quatre atomes de la maille.

Sites octaédriques : cavités situées au centre d'un octaèdre régulier constitué par huit atomes de la maille.

Les sites tétraédriques de la maille cfc sont situés au centre de chaque cube d'arête *a*/2. Sur la figure ci-dessous, on a représenté le site tétraédrique du petit cube en avant sur la gauche (en gris sur la maille) ; soit au total huit pour l'ensemble de la maille.

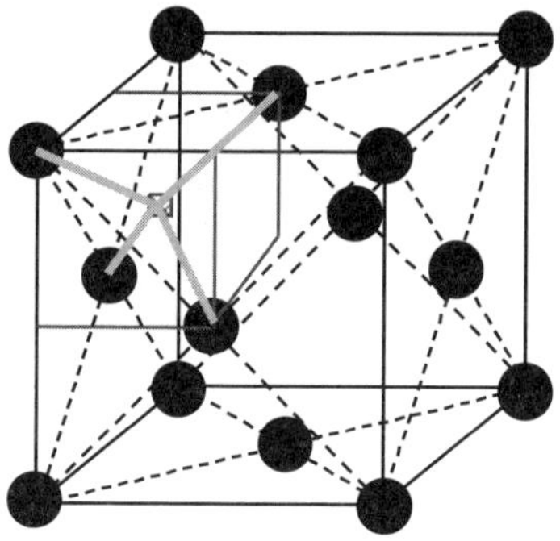

Les sites octaédriques sont situés au centre de la maille et au milieu de chaque arête.

Représentons le site octaédrique situé au centre de la maille :

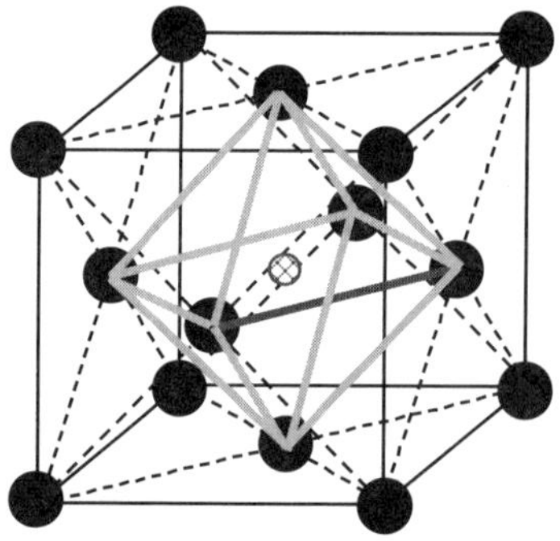

e. **Sites tétraédriques**

Suivant la diagonale du petit cube, nous obtenons :

$$\frac{a}{2}\sqrt{3} = 2R_{\text{AU}} + 2R_T \Rightarrow R_T = \frac{a}{4}\sqrt{3} - R_{\text{AU}}.$$

Dans une structure compacte, il y a tangence des atomes suivant la diagonale de la face du cube, soit :

$$a\sqrt{2} = 4R_{\text{Au}} \Rightarrow a = \frac{4R_{\text{Au}}}{\sqrt{2}}.$$

Nous obtenons donc $R_T = \dfrac{\left(\dfrac{4R_{\text{AU}}}{\sqrt{2}}\right)}{4}\sqrt{3} - R_{\text{AU}} = R_{\text{AU}}\left(\dfrac{\sqrt{3}}{\sqrt{2}} - 1\right) = 0{,}225R_{\text{AU}}.$

Sites octaédriques

Suivant une arête du cube, nous obtenons :

$$a = 2R_{\text{AU}} + 2R_O \Rightarrow R_O = \frac{a}{2} - R_{\text{AU}}.$$

Nous avons toujours une tangence suivant la diagonale de la face du cube, soit :

$$a\sqrt{2} = 4R_{\text{Au}} \Rightarrow a = \frac{4R_{\text{Au}}}{\sqrt{2}}.$$

Ce qui nous donne :

$$R_O = \frac{\left(\frac{4R_{\text{Au}}}{\sqrt{2}}\right)}{2} - R_{\text{AU}} = \left(\sqrt{2} - 1\right) R_{\text{AU}} = 0{,}414 R_{\text{AU}}.$$

Nous constatons que les sites octaédriques sont plus volumineux que les sites tétraédriques.

f. Pour former un alliage d'insertion, il faudrait que le nickel ait un volume inférieur à celui de l'un des sites interstitiels.
Avec le rayon des atomes d'or, nous obtenons pour le volume de sites :

– tétraédriques : $R_T = 0{,}225 \times 144{,}2 = 32{,}4$ pm.
– octaédriques : $R_O = 0{,}414 \times 144{,}2 = 59{,}7$ pm.

Avec un rayon donné de 124,6 pm, nous comprenons aisément que le nickel ne puisse pas s'insérer dans les sites de la structure des atomes d'or.

g. Comptons les atomes de chaque type dans la maille :

– au centre des faces, les atomes d'or comptent pour $6 \times \frac{1}{2} = 3$ atomes ;
– aux sommets du cube, nous avons donc 7 atomes d'or et un atome de nickel.

Les atomes d'or comptent pour $\frac{7}{8}$, et l'atome de nickel pour $\frac{1}{8}$.
Il y a donc au total 3,875 atomes d'or et 0,125 atomes de nickel par maille.
Nous obtenons ainsi :

$$\rho_{\text{alliage}} = \frac{\left(3{,}875 \times \frac{M_{\text{Au}}}{N_A}\right) + \left(0{,}125 \times \frac{M_{\text{Ni}}}{N_A}\right)}{a'^3}$$

$$a' = \sqrt[3]{\frac{\left(3{,}875 \times \frac{M_{\text{Au}}}{N_A}\right) + \left(0{,}125 \times \frac{M_{\text{Ni}}}{N_A}\right)}{\rho_{\text{alliage}}}}.$$

a' vaut donc 417,2 pm.

Exercice 5.8 : Étude du samarium (d'après Polytechnique, 2005)

***

En dessous de 924 °C, le samarium cristallise dans le système cubique centré.

a. Représenter une maille du système cubique centré.

b. Quelle est la relation entre le rayon de l'atome de samarium et l'arête de la maille ?

Il existe dans cette structure deux types de sites interstitiels octaédriques : aux centres des octaèdres définis par les centres de deux cubes voisins et les quatre sommets d'une face, et aux centres des octaèdres définis par les deux extrémités d'une arête et les centres des quatre cubes ayant cette arête en commun.

c. Représenter les deux types de sites octaédriques.

d. Quel est le nombre de sites octaédriques appartenant en propre à une maille cubique centrée ?

Les sites tétraédriques sont aux centres des tétraèdres déformés définis par une arête, et le segment joignant les centres des deux cubes ayant cette arête en commun.

e. Représenter un site tétraédrique.

f. Quel est le nombre de sites tétraédriques appartenant en propre à une maille cubique centrée ?

a. Maille cubique centrée :

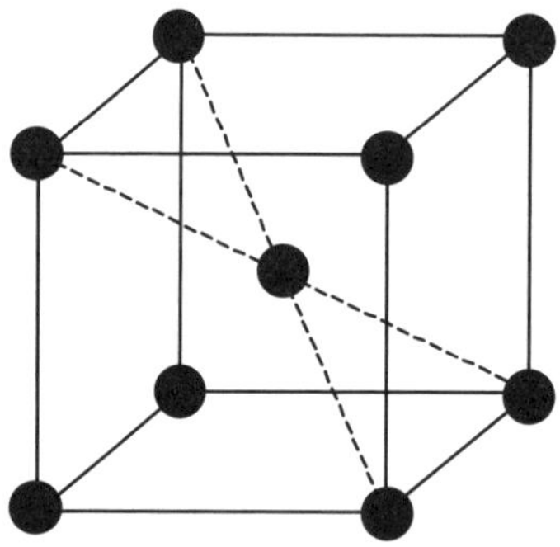

b. La tangence se faisant suivant la diagonale du cube, nous obtenons :

$$a\sqrt{3} = 4R.$$

c. Nous représentons les sites d'après les indications de l'énoncé :

– octaèdre défini par les centres de deux cubes voisins et les quatre sommets d'une face :

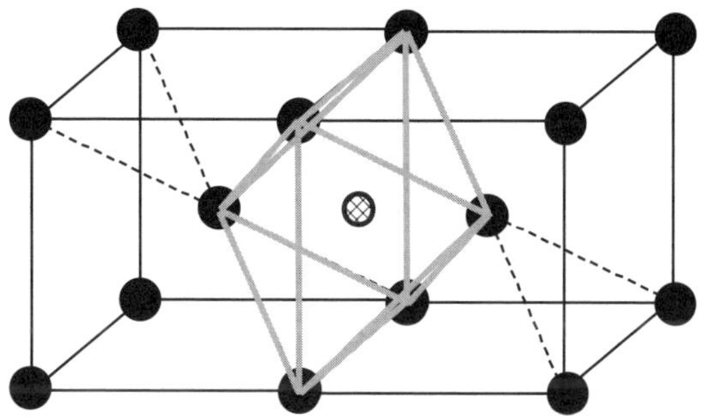

– octaèdre défini par les deux extrémités d'une arête et les centres des quatre cubes ayant cette arête en commun :

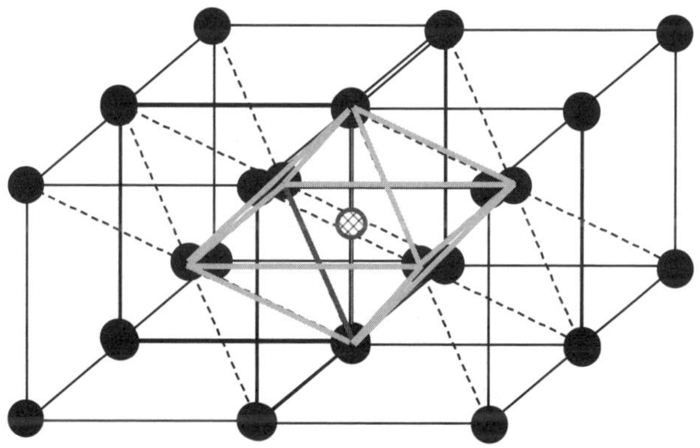

d. Pour le premier type de sites, on en dénombre un par face, soit un total de six, mais ne comptant que pour un demi-site (site partagé entre deux mailles) : trois sites.

Pour le deuxième type de sites, il y en a un au centre de chaque arête, soit douze, mais ne comptant que pour un quart de site : trois sites.

Il y a donc au total 6 sites octaédriques appartenant en propre à une maille cubique centrée.

e. Nous déterminons ces sites suivant les indications de l'énoncé :

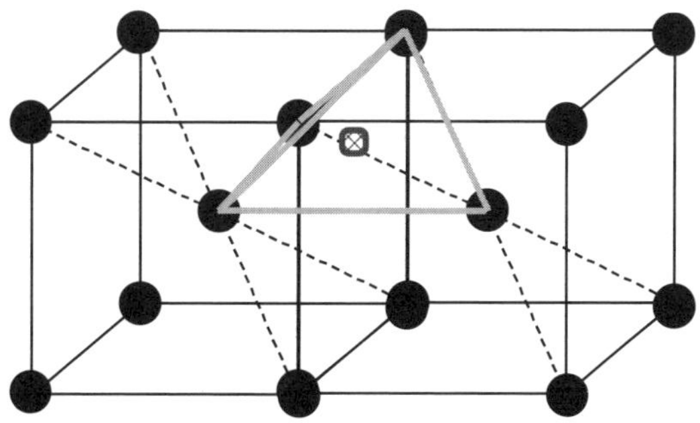

f. Il y a deux de ces sites tétraédriques par face, soit un total de 12, mais ne comptant que pour moitié : 6 sites tétraédriques.

Exercice 5.9

** **Le titane et le stockage de l'hydrogène (d'après Paris-sud XI)**

On peut envisager de stocker le dihydrogène sous différentes formes :

– à l'état gazeux (sous pression) ;

– à l'état liquide (à basse température) ;

– à l'état condensé (sous forme d'hydrure ionique).

On se propose ici d'étudier l'une de ces méthodes : l'absorption du dihydrogène dans le composé intermétallique FeTi. Cet alliage à base de titane a une structure cubique simple ($a = 298$ pm) : la maille élémentaire est cubique et comporte un atome de titane à chaque sommet du cube et un atome de fer au centre du cube.

a. Représenter cette maille élémentaire.

Dans ce composé intermétallique, FeTi, seuls les sites octaédriques formés par deux atomes de fer et quatre atomes de titane peuvent être occupés par des atomes d'hydrogène.

b. Indiquer alors, dans la maille élémentaire de FeTi, les positions des sites octaédriques susceptibles d'accueillir des atomes d'hydrogène.

c. En déduire la formule stoechiométrique de l'hydrure $FeTiH_x$ contenant le maximum théorique d'hydrogène.

d. Calculer la capacité volumique d'absorption d'hydrogène de l'alliage FeTi. On exprimera cette capacité en kg d'hydrogène stocké par m^3 d'alliage FeTi.
Données :
$a = 295$ pm.
$M(\text{H}) = 1{,}01\ \text{g}\cdot\text{mol}^{-1}$; $M(\text{Ti}) = 47{,}88\ \text{g}\cdot\text{mol}^{-1}$; $M(\text{Fe}) = 55{,}84\ \text{g}\cdot\text{mol}^{-1}$
$N_A = 6{,}02\cdot 10^{23}\ \text{mol}^{-1}$.

a. Représentons la maille décrite dans l'énoncé :
En noir les atomes de titane et en gris l'atome de fer.

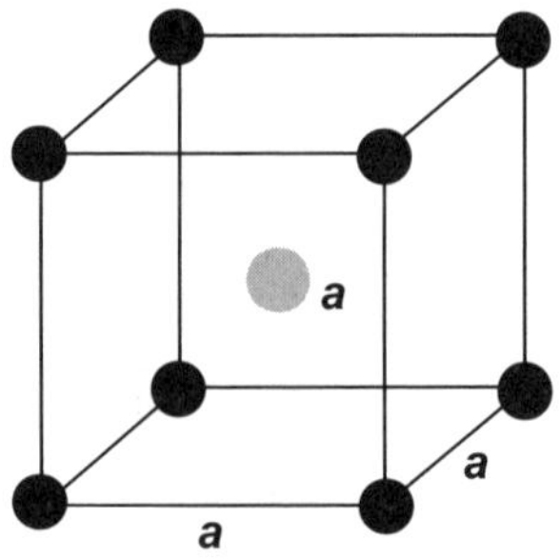

b. Les sites octaédriques sont ceux formés par quatre atomes de titane et deux atomes de fer soit :

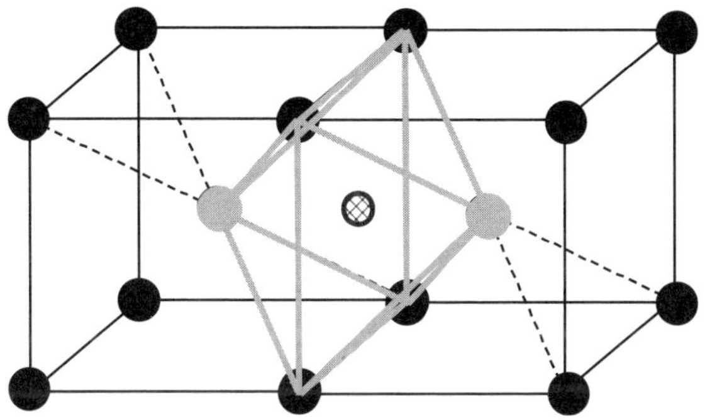

Ces sites sont situés sur les centres des faces de la maille.

c. On dénombre un site octaédrique par face, soit un total de six, mais ne comptant que pour un demi-site (site partagé entre deux mailles) : trois sites au total.
La formule statistique de cet oxyde est donc $FeTiH_3$.

d. Chaque maille de l'oxyde FeTi permet de stocker un maximum de 3 atomes d'hydrogène, soit une masse par maille de :

$$3 \times \text{masse d'un atome d'hydrogène} = 3\frac{M_{\mathrm{H}}}{N_A} = 3\frac{1\cdot 10^{-3}}{6{,}02\cdot 10^{23}} = 4{,}98\cdot 10^{-27}\ \text{kg}.$$

Chaque maille a un volume de a^3, soit $(295\cdot 10^{-12})^3 = 2{,}57\cdot 10^{-29}\ \text{m}^3$.
Le rapport vaut donc :

$$\frac{4.98\cdot 10^{-27}}{2{,}57\cdot 10^{-29}} = 193{,}8\ \text{kg}\cdot\text{m}^{-3}.$$

Ce qui représente la capacité volumique d'absorption d'hydrogène de l'alliage.

Autres cristaux 6

Ce qu'il faut savoir

Les cristaux ioniques sont-ils très différents des cristaux métalliques ?

Les cristaux ioniques cristallisent dans des structures très proches de celles des cristaux métalliques : structures cubiques ou hexagonales, avec occupation partielle ou totale des sites interstitiels.

La différence majeure entre ces cristaux est que dans les cristaux métalliques, les atomes constituant le cristal étaient identiques, donc que les sphères les représentant l'étaient également. Or, pour les cristaux ioniques, les entités constituant le cristal sont des anions et des cations, de nature et de taille très différentes.

Le contact entre ces ions ne pourra se faire qu'entre anion et cation, le contact entre espèces de mêmes signes étant impossible (répulsion électrostatique).

Quel facteur influence le plus la formation du cristal ?

C'est le rapport du rayon des anions et des cations qui influence le type de structure suivant laquelle le cristal va se former.

Sans plus de démonstration, les valeurs et les types de structures correspondantes sont rappelés dans le graphique ci-dessous. Ainsi, le simple calcul de ce rapport permet-il de prédire dans quel type de structure la cristallisation va se faire.

rapport $\frac{r_+}{r_-}$	0,225 – 0,414	0,414 – 0,732	0,732 – 1
	Coordinence 4/4	Coordinence 6/6	Coordinence 8/8
	Type blende	Type NaCl	Type CsCl

De quelle nature est la liaison dans les cristaux ioniques ?

Il s'agit de liaisons électrostatiques par attraction de charges de signes opposés.

Qu'est ce qu'un cristal covalent ?

Il s'agit d'un cristal dans lequel les liaisons entre les atomes sont des liaisons de covalence, c'est-à-dire résultant de la mise en commun d'électrons pour former un doublet liant.

Exercice 6.1 : Iodure de thallium (d'après Mines et Ponts, 2004)

* L'iodure de thallium est utilisé pour la détection infrarouge et pour la thermographie.

Ce composé cristallise dans une structure cubique dans laquelle la coordinence de l'ion Tl^+ est 8 par rapport à l'ion iodure I^-.

a. À quel type structural connu appartient l'iodure de thallium ?

b. Faire le schéma de cette structure.

c. Vérifier la compatibilité des valeurs des rayons ioniques avec cette structure.

d. Calculer la valeur du paramètre a, arête de la maille, de l'iodure de thallium.

e. Exprimer la compacité en fonction des rayons ioniques.

f. Exprimer la masse volumique en fonction de la masse molaire de l'iodure de thallium et du paramètre a.
On donne le rayon des ions iodure $r_- = 220$ pm et le rayon des ions thallium $r_+ = 173$ pm.

a. Cette coordinence de 8 correspond à un système cubique pour lequel l'anion occupe les sommets du cube, et le cation le centre du cube.
Cette structure est identique à celle du chlorure de césium CsCl.

b. Le schéma de cette maille nous donne :

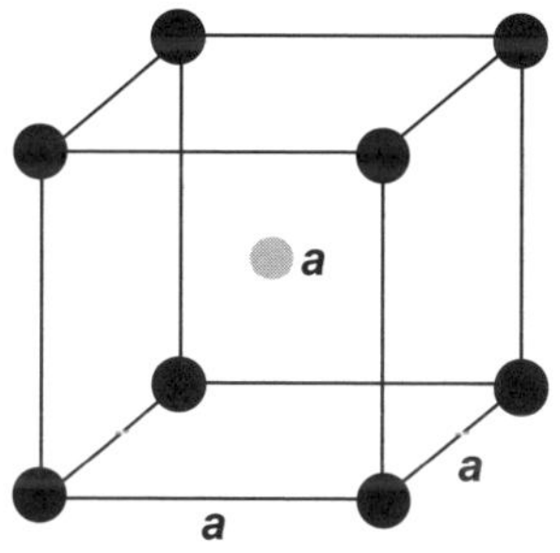

En noir sont représentés les ions iodure, et en gris les ions thallium. La position des ions peut évidemment être inversée.

c. Dans cette structure de coordinence 8/8, le contact se fait suivant la diagonale du cube de paramètre a, soit :

$$a\sqrt{3} = 2\left(r_+ + r_-\right).$$

Les cations ne devant pas être en contact les uns avec les autres suivant l'arête du cube, nous en déduisons que $2r_- \leq a$.

Nous obtenons donc :

$$a = \frac{2}{\sqrt{3}}\left(r_+ + r_-\right)$$

$$2r_- \leq \frac{2}{\sqrt{3}}\left(r_+ + r_-\right) \Rightarrow r_+ + r_- \geq \sqrt{3}r_-$$

$$\frac{r_+ + r_-}{r_-} \geq \sqrt{3}$$

$$\frac{r_+}{r_-} + 1 \geq \sqrt{3} \quad \text{donc} \quad \frac{r_+}{r_-} \geq 0{,}732.$$

Il faut donc que le rapport soit compris entre 1 et 0,732.
Avec les valeurs des rayons des deux ions, nous obtenons 0,786, soit une valeur légèrement supérieure à la limite inférieure. La valeur des rayons est donc compatible avec cette structure de coordinence 8/8.

d. Puisque dans cette structure de coordinence 8/8, le contact se fait suivant la diagonale du cube de paramètre a, nous avons :

$$a = \frac{2\left(r_+ + r_-\right)}{\sqrt{3}} = \frac{2\,(173 + 220)}{\sqrt{3}} = 453{,}8 \text{ pm.}$$

Donc $a = 453,8$ pm.

e. Cette structure comporte un ion thallium et un ion iodure.

La compacité est donc : $C = \dfrac{\frac{4}{3}\pi\left(r_+^3 + r_-^3\right)}{a^3} = \dfrac{\frac{4}{3}\pi\left(173^3 + 220^3\right)}{453{,}8^3} = 0{,}709.$

f. La masse volumique s'exprime par la relation $\rho = \dfrac{M_{\text{Tl}} + M_{\text{I}}}{N_A \cdot a^3}$.

Cristal de bromure d'argent

Exercice 6.2

Le bromure d'argent cristallise dans une structure du type de celle de NaCl. On peut considérer ce cristal comme l'imbrication de deux réseaux l'un dans l'autre : celui des ions argent et celui des ions bromure.

a. Représenter la maille du cristal.

b. Quelle est la coordination de chacun de ces ions ?

c. Cette structure était-elle prévisible à partir des rayons ioniques ?

d. Calculer le nombre d'ions argent et bromure dans la maille élémentaire.

e. Quelle est la longueur a de l'arête de la maille ?

f. Calculer la compacité de cette maille.

g. Calculer la masse volumique de ce cristal.

On donne le rayon des ions bromures $r_- = 195$ pm et le rayon des ions argent $r_+ = 126$ pm.
Masses molaires ($g \cdot mol^{-1}$) de l'argent = 107,9 ; et du brome = 79,9.

a. Le bromure d'argent cristallise suivant un réseau cubique à faces centrées pour l'un des ions, avec occupation des sites octaédriques pour l'autre espèce ionique.

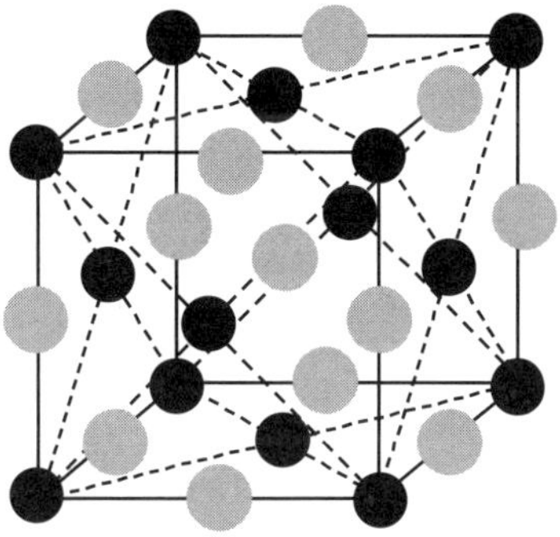

Peu importe l'espèce qui occupe l'une ou l'autre des positions, les rôles pouvant être inversés.

b. Dans ce type de structure, la coordinence est 6/6, c'est-à-dire que chaque sphère est en contact avec six autres sphères.

c. Le contact entre anions et cations se fait suivant l'arête du cube de paramètre a, soit : $a = 2\left(r_+ + r_-\right)$.
Les ions de même signe ne devant pas être en contact, et les anions étant les ions les plus gros, nous en déduisons que $4r_- \leq a\sqrt{2}$ (suivant la diagonale de la face du cube).
Nous obtenons donc :

$$2\sqrt{2}r_+ + 2\sqrt{2}r_- \geq 4r_-$$

$$r_+ + r_- \geq \frac{4.r_-}{2.\sqrt{2}} = r_-\sqrt{2}$$

$$\frac{r_+ + r_-}{r_-} \geq \sqrt{2}$$

$$\frac{r_+}{r_-} + 1 \geq \sqrt{2} \quad \text{donc} \quad \frac{r_+}{r_-} \geq 0{,}414.$$

Une autre structure ionique existante est une structure de coordinence 8/8. Le contact se fait alors suivant la diagonale du cube de paramètre a :

$$a\sqrt{3} = 2\left(r_+ + r_-\right).$$

Les cations ne devant pas être en contact les uns avec les autres suivant l'arête du cube, nous en déduisons que $2r_- \leq a$.

Nous obtenons :

$$a = \frac{2}{\sqrt{3}}\left(r_+ + r_-\right)$$

$$2r_- \leq \frac{2}{\sqrt{3}}\left(r_+ + r_-\right) \Rightarrow r_+ + r_- \geq \sqrt{3}r_-$$

$$\frac{r_+ + r_-}{r_-} \geq \sqrt{3}$$

$$\frac{r_+}{r_-} + 1 \geq \sqrt{3} \quad \text{donc} \quad \frac{r_+}{r_-} \geq 0{,}732.$$

Pour que des cations et des anions cristallisent dans un système identique à celui de NaCl, il faut que le rapport du rayon des cations sur celui des anions soit compris entre 0,414 et 0,732.

Avec les valeurs des rayons ioniques des ions argent et bromure, on obtient 0,646. Ces valeurs de rayons ioniques permettaient donc de prévoir ce type de structure.

d. Il y a 4 ions bromure et 4 ions argent.

e. Nous avons la relation $a = 2\left(r_+ + r_-\right)$ donc $a = 642$ pm.

f. La compacité étant égale à $C = \dfrac{\text{Volume des atomes de la maille}}{\text{Volume de la maille}}$, nous obtenons :

$$C = \frac{4 \times \frac{4}{3}\pi\left(r_-^3 + r_+^3\right)}{a^3} = \frac{4 \times \frac{4}{3}\pi\left(195^3 + 126^3\right)}{642^3} = 0{,}596.$$

La compacité est donc de 59,6 %.

g. En considérant toujours que la maille contient quatre ions argent et quatre ions bromure pour un volume égal à a^3, nous obtenons :

$$\rho_{\text{AgBr}} = \frac{4\left(M_{\text{Ag}} + M_{\text{Br}}\right)}{a^3 N_A} = \frac{4\left(107{,}9 \cdot 10^{-3} + 79{,}9 \cdot 10^{-3}\right)}{\left(642 \cdot 10^{-12}\right)^3 \times 6{,}02 \cdot 10^{23}} = 4\,715{,}8\ \text{kg} \cdot \text{m}^{-3}.$$

Exercice 6.3 : Solubilité du chlorure d'argent (d'après Centrale, 1993)

Le chlorure d'argent cristallise dans le même système que NaCl.

a. Calculer la masse volumique de AgCl.

b. AgCl est peu soluble dans l'eau alors que NaCl l'est fortement. Expliquer cette différence de comportement.

Masses molaires ($\text{g} \cdot \text{mol}^{-1}$) de l'argent =107,9 ; et du chlore = 35,5.

Paramètre de la maille a = 555 pm.

a. Dessinons la maille (en gris, les ions chlorure, et en noir les ions argent).

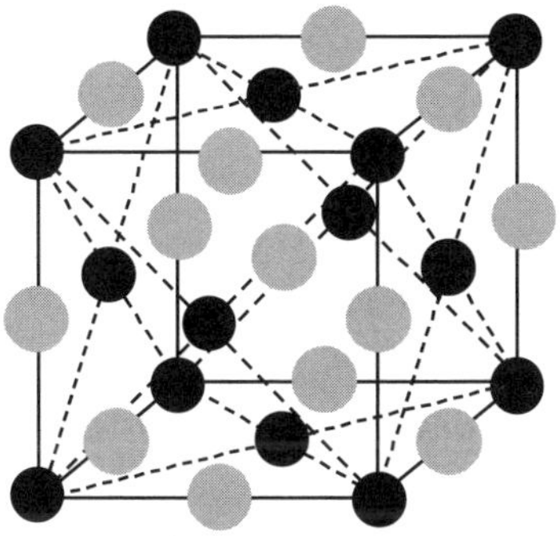

Nous dénombrons quatre ions chlorure et quatre ions argent dans cette structure. La masse volumique s'exprime donc par :

$$\rho_{\text{AgCl}} = \frac{4\left(M_{\text{Ag}} + M_{\text{Cl}}\right)}{a^3 N_A} = \frac{4\left(107{,}9 \cdot 10^{-3} + 35{,}5 \cdot 10^{-3}\right)}{\left(555 \cdot 10^{-12}\right)^3 \times 6{,}02 \cdot 10^{23}} = 5\,573{,}6\ \text{kg} \cdot \text{m}^{-3}.$$

b. La différence d'électronégativité entre le sodium et le chlore est beaucoup plus importante que celle entre l'argent et le chlore.
– Dans NaCl, les liaisons sont donc purement ioniques, et l'eau n'intervient que pour séparer les ions et les solvater.
– Dans AgCl, les liaisons sont partiellement ioniques, donc avec un caractère partiellement covalent. Les molécules d'eau doivent donc d'abord rompre ces liaisons, pour seulement ensuite séparer les ions formés et les solvater.

Exercice 6.4 : Oxyde de magnésium

* L'oxyde de magnésium cristallise dans une structure de type NaCl.

a. Démontrer la composition stœchiométrique de cet oxyde de magnésium.

b. Le paramètre *a* de la maille valant 410 pm, calculer la masse volumique de cet oxyde.
On donne les masses molaires ($g \cdot mol^{-1}$) du magnésium = 24,3 et de l'oxygène = 16,00.

a. Cet oxyde cristallisant dans une structure de type NaCl, nous savons qu'il y a quatre cations pour quatre anions.
Stœchiométriquement, il y a donc autant de cations que d'anions, et la formule statistique de cet oxyde est MgO.

b. La masse volumique vaut donc :

$$\rho_{\text{MgO}} = \frac{4M_{\text{MgO}}}{a^3 N_A} = \frac{4 \times \left(24{,}3 \cdot 10^{-3} + 16{,}0 \cdot 10^{-3}\right)}{\left(410 \cdot 10^{-12}\right)^3 \times 6{,}02 \cdot 10^{23}} = 3\,885{,}2\ \text{kg} \cdot \text{m}^{-3}.$$

Exercice 6.5 : Étude de la thorine (d'après ESEM, 1994)

** La thorine ThO_2 cristallise dans la même structure que CaF_2 où les ions Th^{4+} jouent le rôle des ions Ca^{2+}, et les ions O^{2-} celui des ions F^-.

a. Représenter cette structure de maille.

b. La masse volumique de la thorine est de $\rho = 9{,}86\ \text{g}\cdot\text{cm}^{-3}$. Calculer le paramètre de la maille a (arête du cube).

c. Le rayon ionique de Th^{4+} étant de 119 pm et celui de O^{2-} de 124 pm, calculer la valeur théorique de ce même paramètre a.

d. En comparant les deux valeurs obtenues, déduire la nature de la liaison entre ces ions dans le cristal.
On donne les masses molaires ($\text{g}\cdot\text{mol}^{-1}$) du thorium = 232,04 et de l'oxygène = 16,00.

a. La structure du fluorure de calcium correspond à un réseau cubique à faces centrées pour les ions calcium ; les ions fluorure occupant la totalité des sites tétraédriques.

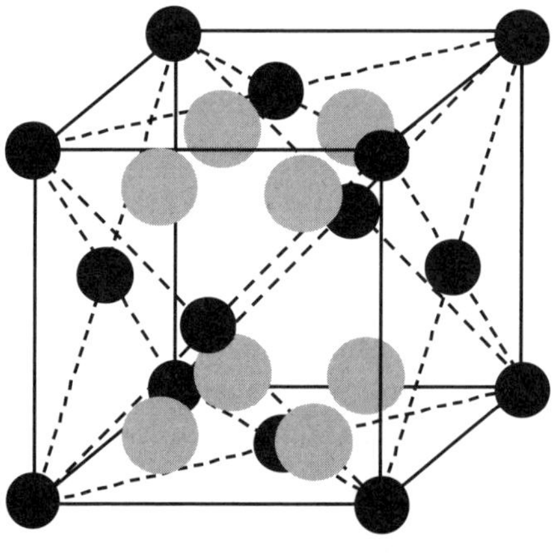

En noir, les ions thorium, et en gris les ions oxygène.
(On rappelle que les sites tétraédriques d'une structure cfc sont situés au centre des petits cubes d'arête $a/2$.)

b. Nous dénombrons huit ions oxygènes (situés dans les huit sites tétraédriques), et quatre ions thorium (quatre entités par structure cfc). Cela représente donc quatre molécules de thorine ThO_2.

La masse volumique vaut donc : $\rho_{ThO_2} = \dfrac{4\dfrac{M_{ThO_2}}{N_A}}{a^3}$, soit :

$$a = \sqrt[3]{\frac{4\dfrac{M_{ThO_2}}{N_A}}{\rho_{ThO_2}}} = \sqrt[3]{\frac{4\dfrac{(232{,}04\cdot10^{-3}+32\cdot10^{-3})}{6{,}02\cdot10^{23}}}{9\,860}} = 562{,}5\ \text{pm}.$$

c. Le contact entre ions de signe opposé se fait suivant la diagonale du petit cube d'arête a/2, soit : $\frac{a}{2}\sqrt{3} = 2r_+ + 2r_-$, donc :

$$a = \frac{4r_+ + 4r_-}{\sqrt{3}} = \frac{4\,(119 + 124)}{\sqrt{3}} = 561{,}2 \text{ pm}.$$

d. Nous observons que les valeurs sont proches à 0,2 % près. L'hypothèse selon laquelle les liaisons sont ioniques dans cette structure est par conséquent exacte.

Exercice 6.6 : Étude du sulfure de zinc

** Le principal minerai de zinc est le sulfure de zinc type blende (de l'allemand *blenden*, briller) ou encore sphalérite. Cette blende correspond à du sulfure de zinc cristallisant dans une structure cubique : les ions sulfure occupent un réseau cubique à faces centrées, et les ions zinc occupent la moitié des sites tétraédriques.

a. Déterminer le nombre d'ions de chaque type dans cette maille.

b. Quelle est la coordinence de chaque ion ?

c. Sachant que la masse volumique de la blende est de 4 080 $kg \cdot m^{-3}$, calculer le paramètre a de la maille.

d. Connaissant les rayons ioniques des ions soufre S^{2-} (184 pm) et des ions zinc Zn^{2+} (74 pm), calculer le paramètre a' de la maille.

e. Comparer les deux valeurs a et a' et conclure.

Le sulfure de zinc peut également cristalliser dans une autre structure hexagonale compacte appelée wurtzite ; les ions sulfure constituent une structure hexagonale compacte, et les ions zinc occupent la moitié des sites tétraédriques.

f. Calculer la masse volumique de la wurtzite sachant que le paramètre a_w de la maille est de 381 pm.

On donne les masses molaires ($g \cdot mol^{-1}$) du zinc = 64,4 et du soufre = 32,1.

a. La structure de la maille est donnée dans le texte, ce qui permet de calculer le nombre d'ions présents dans cette structure.

Ions sulfure : 8 aux sommets du cube comptant pour $8 \times \frac{1}{8} = 1$ ion, et 6 au centre des faces comptant pour $6 \times \frac{1}{2} = 3$ ions, soit un total de 4 ions sulfure.

Ions zinc : 4 dans 4 sites tétraédriques.

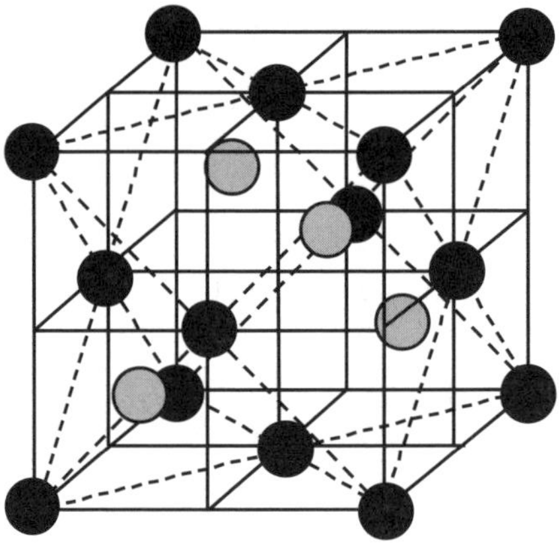

Les sphères noires représentent les ions sulfure, les sphères grises les ions zinc occupant la moitié des sites tétraédriques.

b. Chaque ion est entouré de quatre voisins ; la coordinance est donc 4/4.

c. La formule de la masse volumique permet d'accéder au paramètre a de la maille par la relation :

$$\rho = \frac{4\left(\frac{M_{\text{Zn}} + M_{\text{S}}}{N_A}\right)}{a^3} \Rightarrow a = \sqrt[3]{\frac{4\left(\frac{M_{Zn} + M_S}{N_A}\right)}{\rho}}$$

$$= \sqrt[3]{\frac{4\left(\frac{64{,}4 \cdot 10^{-3} + 32{,}1 \cdot 10^{-3}}{6{,}02 \cdot 10^{23}}\right)}{4\,080}} = 539{,}6 \text{ pm.}$$

d. Connaissant les rayons ioniques des ions soufre S^{2-} (184 pm) et des ions zinc Zn^{2+} (74 pm), nous appliquons la condition de contact entre ions de signe opposé suivant l'arête a' du cube, soit :

$$r^+ + r^- = a' = 184 + 74 = 258 \text{ pm.}$$

e. Nous constatons que a' est largement inférieur à a, ce qui ne peut s'expliquer que par une interpénétration des sphères représentant les ions. La liaison entre ces ions n'est donc pas purement ionique, mais doit présenter un certain caractère covalent.

f. Le réseau étant de type hexagonal compact pour les ions soufre, avec occupation de la moitié des sites tétraédriques par les ions zinc, calculons d'abord le nombre d'ions de chaque espèce présents dans la maille :

– Ions soufre : 6 ions par maille.

– Ions zinc : il y a 12 sites tétraédriques, dont seule la moitié est occupée, soit 6 sites contenant des ions zinc.

Le volume V de la maille hexagonale compacte a déjà été calculé au chapitre 6 consacré aux cristaux atomiques et vaut $V = 3a^3\sqrt{2}$.

Le paramètre de la maille a_w valant 382 pm, nous pouvons calculer la masse volumique de la wurtzite :

$$\rho = \frac{6M_{\text{S}} + 6M_{\text{Zn}}}{V \cdot N_A} = \frac{6M_S + 6M_{Zn}}{3a^3\sqrt{2} \cdot N_A} = \frac{6 \times 32{,}1 \cdot 10^{-3} + 6 \times 64{,}4 \cdot 10^{-3}}{3 \times \left(382 \cdot 10^{-12}\right)^3 \times \sqrt{2} \times 6{,}02 \cdot 10^{23}}$$

$$= 4\,066 \text{ kg} \cdot \text{m}^{-3}.$$

Exercice 6.7 : Oxyde de baryum (d'après Mines et Ponts, 2001)

**

Les règles de construction des cristaux sont souvent énoncées comme suit dans le cas majoritaire où les anions sont les ions les plus gros.

Règle 1. Le cristal est électriquement neutre.

Règle 2

a. Les anions de rayons R forment un réseau (dit réseau hôte), dans lequel les cations de rayon r occupent les sites interstitiels.

b. Les cations sont entourés d'anions, la distance cation-anion la plus courte est déterminée par la somme des rayons ioniques (les ions de signes opposés sont considérés comme des sphères dures en contact).

c. Le cation est entouré du plus grand nombre d'anions pouvant géométriquement se trouver à son contact (coordinence maximale).

L'oxyde de baryum BaO possède la structure du chlorure de sodium ; les ions oxydes constituent une structure cubique à faces centrées, dont les ions baryum occupent tous les sites octaédriques.

Données

Rayons ioniques : r = 134,4 pm (ion baryum) et R = 140 pm (ion oxyde).

Masses molaires $(\text{g} \cdot \text{mol}^{-1})$ O =16 ; Ba = 137.

Numéro atomiques $Z_{(\text{oxygène})} = 8$; $Z_{(\text{baryum})} = 56$.

$N_A = 6{,}023 \cdot 10^{23}$ mol^{-1}.

a. Quelles sont les charges respectives des ions les plus stables du baryum et de l'oxygène ? Justifier.

b. Le composé BaO respecte-t-il la règle 1 ?

c. Par quelle méthode expérimentale détermine-t-on la structure des cristaux ? Nommer la technique.

d. Représenter la maille élémentaire de la structure du composé BaO.

e. Donner la relation littérale entre la valeur de l'arête a et celles des rayons ioniques des ions.

f. On détermine expérimentalement a = 553 pm plus ou moins 5 pm. La règle 2a est-elle respectée ?

g. Calculer la masse volumique de BaO.

a. Donnons la configuration électronique de ces deux éléments d'après la règle de Klechkowski :
– pour l'oxygène ($Z = 8$) : $1s^2, 2s^2, 2p^4$;
– pour le baryum ($Z = 56$) : $1s^2, 2s^2, 2p^6, 3s^2, 3p^6, 3d^{10}, 4s^2, 4p^6, 4d^{10}, 5s^2, 5p^6, 6s^2$.
Il manque donc à l'oxygène deux électrons pour saturer son orbitale $2p$: il formera l'ion O^{2-}.
Le baryum doit perdre deux électrons pour vider entièrement son orbitale $6s$: il formera l'ion Ba^{2+}.

b. Le cristal BaO respecte donc la règle n° 1 puisque ce composé est électriquement neutre.

c. La détermination de la structure des métaux utilise principalement la diffraction des rayons X, puisque chaque structure cristalline va diffracter différemment les rayons.

d. L'énoncé nous indique que le BaO cristallise dans une structure type NaCl, soit un réseau cubique à faces centrées pour l'un des ions, avec occupation des sites octaédriques pour l'autre ion.

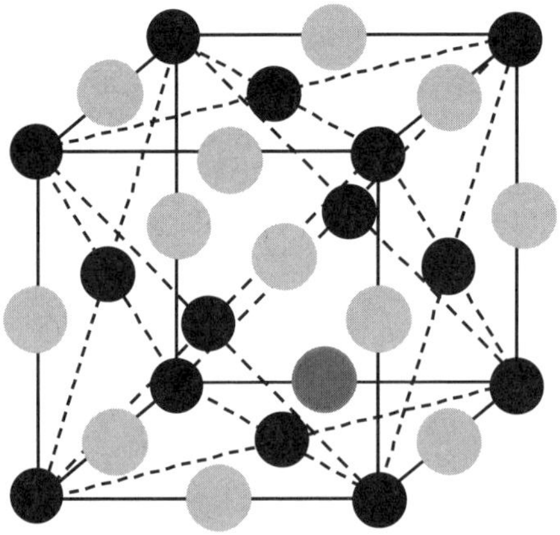

e. Dans une telle structure, il y a tangence des ions de signe opposé suivant l'arête a du cube, soit :

$$a = 2(R + r).$$

f. Le calcul de l'arête a de la maille par la relation précédente nous donne :

$$a = 2(140 + 134{,}4) = 548{,}8 \text{ pm}.$$

La règle 2 n'est donc pas tout à fait respectée puisque la valeur de a déterminée expérimentalement est comprise entre 549 pm et 558 pm.

g. Nous savons que dans une structure type NaCl, il y a l'équivalent de quatre cations et de quatre anions ; la masse volumique est alors égale à :

$$\rho = \frac{4(M_{Ba} + M_O)}{N_A \cdot a^3} = \frac{4(137 + 16) \cdot 10^{-3}}{6{,}023 \cdot 10^{23} \times \left(553 \cdot 10^{-12}\right)^3} = 6011{,}45 \text{ kg} \cdot \text{m}^{-3}.$$

Exercice 6.8 : Structure du carbone graphite

***

Le graphite présente une structure cristalline hexagonale en feuillets.

a. Représenter la structure du graphite en faisant clairement apparaître les feuillets.

b. Représenter la maille élémentaire du graphite.

c. Calculer la distance D entre deux feuillets.

d. Quelle nature de liaison peut-on proposer entre les feuillets ?

e. Pourquoi la poudre de graphite est-elle utilisée comme lubrifiant ?

f. Le graphite est-il conducteur d'électricité ?

g. À part le graphite et le diamant, citer une autre forme de carbone cristallin.

On donne :

– Masse volumique du graphite égale à 2 270 $kg \cdot m^{-3}$.

– Longueur de la liaison C-C $d = 0{,}142$ nm.

a. Les feuillets sont parallèles entre eux, constitués par des hexagones réguliers dont les sommets sont les atomes de carbone.

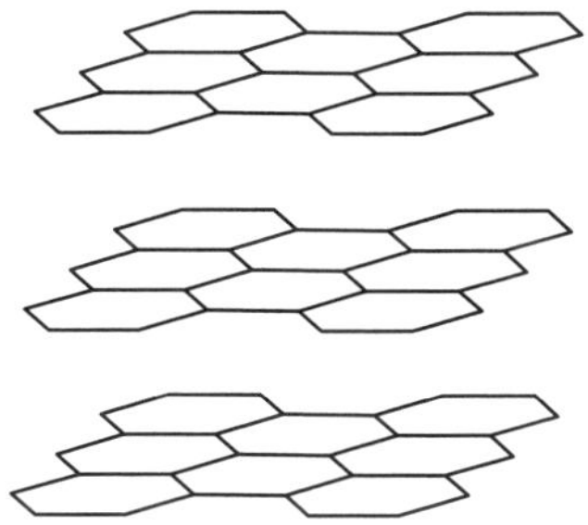

Vue latérale des feuillets

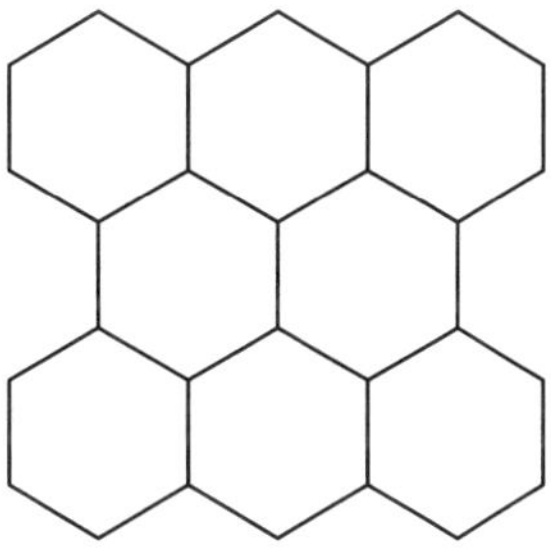

Vue de dessus d'un des feuillets

b. Faisons d'abord apparaître cette maille en regardant l'un des feuillets de dessus :

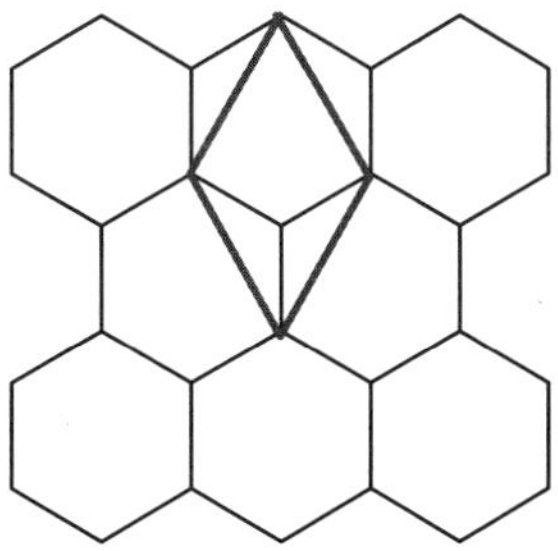

le losange représente la maille vue de dessus.

Représentons cette maille en perspective :

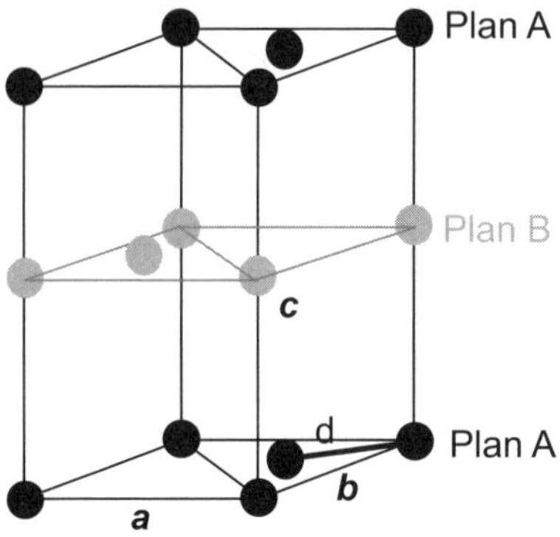

c. La distance D entre deux feuillets vaut la moitié de la hauteur de la maille c, cette hauteur de maille c s'obtenant grâce à la masse volumique du graphite.

Il faut avant tout calculer le nombre d'atomes de carbone par maille :

– 1 atome au sein de la maille (plan B).

– 2 atomes sur les faces (plans A) appartenant à deux mailles, soit 1 atome.

– 4 atomes sur les arêtes (plan B) appartenant à quatre mailles, soit 1 atome.

– 8 atomes sur les côtés des faces (plans A) appartenant à huit mailles, soit 1 atome.

Il y a donc au total 4 atomes par maille.

$$\rho_{\text{graphite}} = \frac{m_{\text{maille}}}{V_{\text{maille}}} = \frac{4M_{\text{C}}}{N_A \cdot V_{\text{maille}}}.$$

Le volume de la maille vaut la surface de l'hexagone par la hauteur c de la maille, ce qui donne :

$$\rho_{\text{graphite}} = \frac{4M_{\text{C}}}{N_A \cdot S_{\text{hex}} \cdot c} = \frac{4M_{\text{C}}}{N_A \cdot S_{\text{hex}} \cdot 2D}$$

$$D = \frac{4M_{\text{C}}}{N_A \cdot S_{\text{hex}} \cdot 2\rho_{\text{graphite}}}.$$

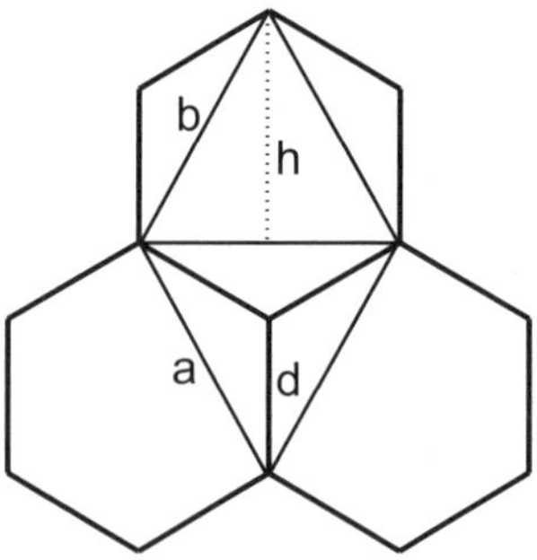

La surface de l'hexagone peut se diviser en deux triangles équilatéraux de surface $h\frac{a}{2}$, donc pour l'hexagone une surface $S_{\text{hex}} = ha$.

D'après le théorème de Pythagore, nous obtenons :

$$a^2 = \left(\frac{a}{2}\right)^2 + h^2 \Rightarrow h^2 = a^2 - \frac{a^2}{4} = \frac{3}{4}a^2$$

$$h = a\frac{\sqrt{3}}{2}.$$

La surface de l'hexagone vaut donc :

$$S_{\text{hex}} = ha = a^2\frac{\sqrt{3}}{2}.$$

La grandeur d représente la longueur de la liaison C-C dans le graphite.

Dans le triangle dont l'angle au sommet vaut 30 °, nous obtenons la relation :

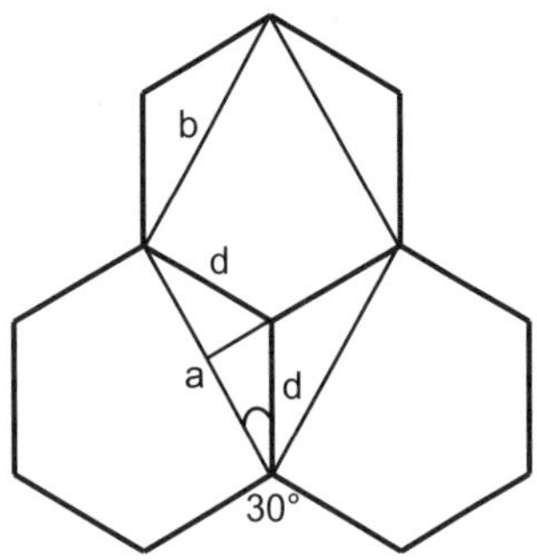

$$\cos 30° = \frac{\frac{a}{2}}{d} = \frac{a}{2d} \Rightarrow a = 2d\cos 30° = d\sqrt{3}.$$

Donc $a = b = d\sqrt{3}$.

Nous pouvons alors exprimer la surface de l'hexagone en fonction de d, soit :

$$S_{\text{hex}} = a^2\frac{\sqrt{3}}{2} = \left(d\sqrt{3}\right)^2\frac{\sqrt{3}}{2} = \frac{3\sqrt{3}}{2}d^2.$$

Nous pouvons trouver D :

$$D = \frac{4M_{\text{C}}}{N_A \cdot S_{\text{hex}} \cdot 2\rho_{\text{graphite}}} = \frac{4M_{\text{C}}}{N_A\left(\frac{3\sqrt{3}}{2}d^2\right)2\rho_{\text{graphite}}}$$

$$= \frac{4 \times 12 \cdot 10^{-3}}{6{,}02 \cdot 10^{23}\left(\frac{3\sqrt{3}}{2}\left(142 \cdot 10^{-12}\right)^2\right)2 \times 2\,270} = 335{,}2 \text{ pm}.$$

d. Il s'agit de liaisons faibles type interactions de van der Waals.

e. Ces liaisons faibles peuvent facilement être rompues par un simple mouvement : les plans coulissent les uns par rapport aux autres, ce qui explique les propriétés lubrifiantes du graphite (utilisé dans les huiles graphitiques).

f. Le graphite est conducteur d'électricité car les atomes de carbone ne faisant que trois liaisons, ils disposent chacun d'un électron libre pouvant assurer la conduction électrique. On remarque d'ailleurs que cette conduction ne peut se faire que dans la direction des feuillets, et non pas dans une direction perpendiculaire à ces feuillets, les électrons ne pouvant se déplacer qu'au sein du même feuillet.

g. On connaît notamment les fullerènes, cristaux sphériques de carbone, servant notamment à piéger des molécules en pharmacologie ou en cosmétique.
La représentation ci-dessous concerne le C_{60}.

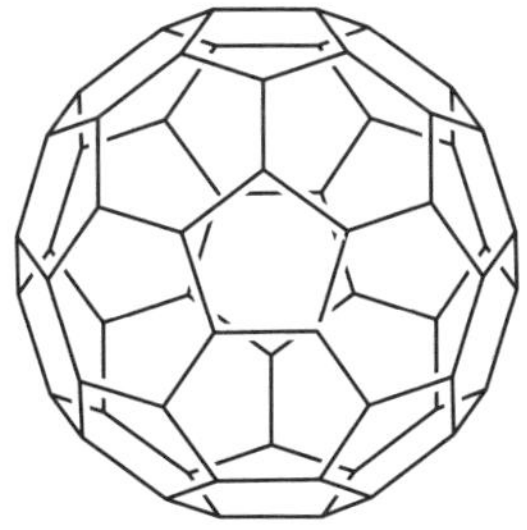

Exercice 6.9 : Structure du carbone diamant (d'après Mines, 2006)

** Le carbone solide existe dans la nature sous deux structures cristallines différentes : le graphite et le diamant.

a. Nommer et décrire brièvement une autre structure (non naturelle) de carbone solide.

b. Représenter la maille cristalline du diamant.

c. Définir et calculer la coordinence et le nombre d'atomes par maille.

d. Donner la relation liant le paramètre de maille noté a et le rayon R d'un atome de carbone.

e. En déduire la compacité du diamant (la valeur numérique devra être calculée).

f. Calculer la masse volumique du diamant.

g. Le diamant contient-il des sites permettant d'accueillir des atomes supplémentaires ? Si oui, combien sont-ils et où se situent-ils ?
On donne $R = 0{,}077$ nm.

a. Nous connaissons les fullerènes, mais également les nanotubes de carbone.

b. Le carbone diamant correspond à une structure cubique à faces centrées avec occupation de la moitié des sites tétraédriques (situés au centre des demi-cubes d'arête $a/2$).

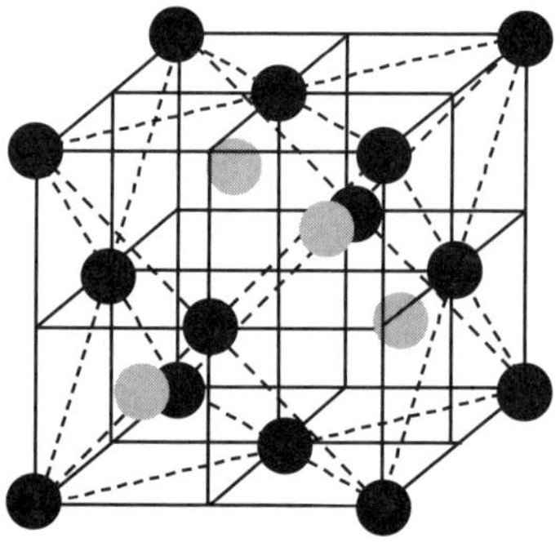

En noir les atomes de carbone de la structure cfc, en gris les atomes de carbone occupant la moitié des sites tétraédriques.

c. La coordinence dans cette structure est de 4 (les atomes de carbone étant entourés par quatre autres atomes de carbone). Cette structure contient :
– 4 atomes de carbone dans les sites tétraédriques.
– 4 atomes de carbone de la structure cfc.
Soit au total 8 atomes de carbone.

d. Le contact entre les atomes se fait suivant la diagonale du petit cube d'arête $a/2$, soit :

$$\frac{a}{2}\sqrt{3} = 4R.$$

e. La compacité vaut donc :

$$C = \frac{8 \times \frac{4}{3}\pi R^3}{a^3} \qquad \text{avec} \qquad a = \frac{8R}{\sqrt{3}}$$

$$C = \frac{\pi\sqrt{3}}{16} = 0{,}34.$$

f. La masse volumique vaut :

$$\rho = \frac{8\frac{M_C}{N_A}}{a^3} = \frac{8\frac{M_C}{N_A}}{\left(\frac{8R}{\sqrt{3}}\right)^3} = \frac{8\frac{12\cdot10^{-3}}{6{,}02\cdot10^{23}}}{\left(\frac{8\times0{,}077\cdot10^{-9}}{\sqrt{3}}\right)^3} = 3\,545\ \mathrm{kg\cdot m^{-3}}.$$

g. Puisque les atomes de carbone n'occupent que la moitié des sites tétraédriques, il reste quatre sites de disponibles situés également au centre des petits cubes d'arête $a/2$.
Il reste également de libre tous les sites octaédriques, c'est-à-dire quatre sites au total, situés au centre de la maille et au milieu des arêtes.

Exercice 6.10 : Le silicium

***

Le silicium cristallise selon un réseau cristallin semblable à celui du carbone diamant.

a. Donner un schéma clair de la maille.

b. Calculer la compacité de cet empilement.

c. Quelles sont les valeurs maximales des rayons des lacunes tétraédriques et octaédriques présentes dans cette maille ? On exprimera ces rayons en fonction du rayon de covalence de l'atome de silicium r_{Si}, puis on donnera les valeurs numériques approchées des rayons des deux types de lacune.

d. Le silicium forme avec le carbone un composé très dur, réfractaire et inerte chimiquement, le carbure de silicium SiC. Sachant que le paramètre de maille a passe de 540 pm dans le silicium à 460 pm dans SiC, s'agit-il d'un composé de substitution ou d'insertion ?

e. Quelle est la nature des interactions entre le silicium et le carbone dans ce composé ?
Données : $r_{Si} \approx 120$ pm ; $r_C \approx 80$ pm.

a. Le carbone diamant correspond à une structure cubique à faces centrées avec occupation de la moitié des sites tétraédriques :

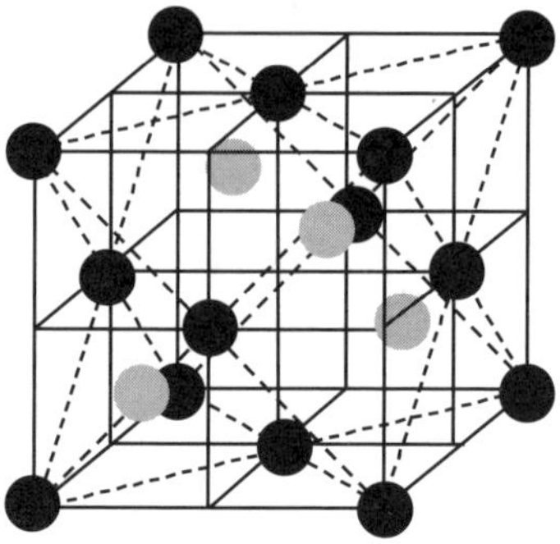

Les sphères représentent les atomes de silicium ; en noir ceux dans la structure cfc ; en gris ceux des sites tétraédriques.

b. Une telle structure contient :
– dans la moitié des sites tétraédriques : 4 atomes ;
– dans la structure cfc : 4 atomes.
Soit un total de 8 atomes de silicium dans cette maille.
Nous savons que les atomes sont tangents suivant la diagonale du petit cube d'arête $a/2$. La compacité vaut donc :

$$C = \frac{8 \times \frac{4}{3}\pi R^3}{a^3} \text{ avec } a = \frac{8R}{\sqrt{3}}$$

$$C = \frac{\pi\sqrt{3}}{16} = 0{,}34.$$

Cette valeur est évidemment la même que pour celle du diamant puisque les structures de maille sont similaires.

c. Nous calculons les rayons des sites en fonction du rayon de l'atome de silicium.
– **Sites tétraédriques**
Suivant la diagonale du petit cube, nous obtenons :

$$\frac{a}{2}\sqrt{3} = 2r_{\text{Si}} + 2R_T \Rightarrow R_T = \frac{a}{4}\sqrt{3} - r_{Si}.$$

Dans une structure compacte, il y a tangence des atomes suivant la diagonale de la face du cube, soit :

$$a\sqrt{2} = 4r_{\text{Si}} \Rightarrow a = \frac{4r_{\text{Si}}}{\sqrt{2}}.$$

Nous obtenons $R_T = \dfrac{\left(\dfrac{4R_{AU}}{\sqrt{2}}\right)}{4}\sqrt{3} - r_{\text{Si}} = r_{\text{Si}}\left(\dfrac{\sqrt{3}}{\sqrt{2}} - 1\right) = 0{,}225r_{\text{Si}}.$

Nous obtenons donc une valeur de $R_T = 27$ pm.

– **Sites octaédriques**

Suivant une arête du cube, nous obtenons :

$$a = 2r_{\mathrm{Si}} + 2R_O \Rightarrow R_O = \frac{a}{2} - r_{\mathrm{Si}}.$$

Nous avons toujours une tangence suivant la diagonale de la face du cube, soit :

$$a\sqrt{2} = 4r_{\mathrm{Si}} \Rightarrow a = \frac{4r_{\mathrm{Si}}}{\sqrt{2}}.$$

Ce qui nous donne :

$$R_O = \frac{\left(\dfrac{4r_{\mathrm{Si}}}{\sqrt{2}}\right)}{2} - r_{\mathrm{Si}} = \left(\sqrt{2} - 1\right) r_{\mathrm{Si}} = 0{,}414 r_{\mathrm{Si}}.$$

La valeur est donc de 49,7 pm.

d. La valeur du rayon du carbone ne lui permet pas de pouvoir s'insérer dans les sites de la structure cfc du silicium ; seul un alliage par substitution est envisageable pour le carbure de silicium.

e. Le paramètre de la maille ayant fortement diminué, on peut penser qu'il y a eu interpénétration des atomes de silicium et de carbone : la liaison doit être en partie covalente.

Exercice 6.11 : Les cristaux de diiode

** Le diiode à température ambiante est un solide de couleur violette (du grec *iodes*, violet).

Le diiode cristallise dans uns structure cfc. Mais du fait de la géométrie de la molécule, cette maille est déformée et cristallise dans le type structural suivant : le réseau présente la symétrie orthorhombique ; la maille est un prisme droit à base rectangulaire (de côtés a et b et de hauteur c) et chaque sommet ainsi que chaque centre de face est occupé par l'entité I_2. (Aucune connaissance préalable sur ce type de structure n'est nécessaire pour la résolution des questions suivantes.)

Dans le cas du diiode, les paramètres de maille ont pour valeur approximative : $a = 725$ pm ; $b = 980$ pm ; $c = 480$ pm.

a. Représenter cette maille.

b. Combien de motifs I_2 la maille possède-t-elle en propre ?

c. Pourquoi parle-t-on pour ce cristal de « cristal de van der Waals » ?

d. Quelle est la masse volumique approximative du diiode solide ?

e. Les cristaux de diiode « flottent-ils » sur l'eau ?
Masse molaire de l'iode $M = 126{,}9\ \mathrm{g \cdot mol^{-1}}$.

a. La maille correspond bien à une cfc déformée :

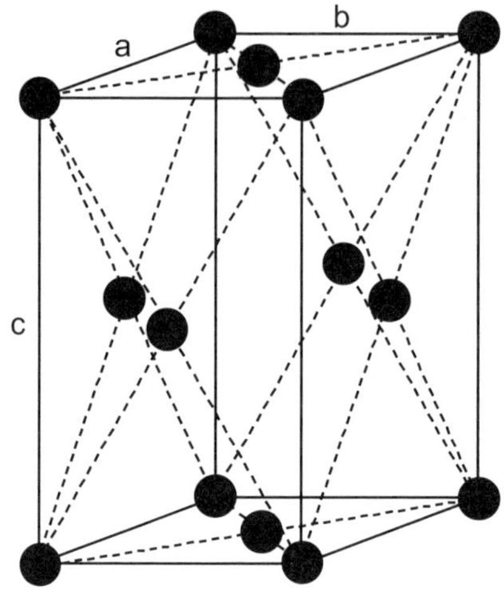

Pour simplifier la représentation, les molécules de diiode ont été représentées par des sphères.

b. Comme pour toute structure cfc, la maille contient 4 molécules.

c. La cohésion d'un tel cristal est assurée par des liaisons de type van der Waals : interactions dipôle induit – dipôle induit.

d. La particularité du calcul de la masse volumique est que l'on a ici affaire à un « pavé » dont le volume V vaut $a \times b \times c$.
La masse volumique vaut donc :

$$\rho = \frac{4\dfrac{M_{I_2}}{N_A}}{V} = \frac{4M_{I_2}}{(a \cdot b \cdot c)\,N_A}$$
$$= \frac{4 \times \left(126{,}9 \cdot 10^{-3} \times 2\right)}{\left(725 \cdot 10^{-12} \times 980 \cdot 10^{-12} \times 480 \cdot 10^{-12}\right) 6{,}02 \cdot 10^{23}} = 4\,945 \text{ kg} \cdot \text{m}^{-3}.$$

e. La densité de ces cristaux est de 4,9 : ils ne peuvent donc pas « flotter » à la surface de l'eau.

Premier principe de thermodynamique

7

Ce qu'il faut savoir

Qu'est-ce qu'un système ?

Un système est la région de l'espace que l'on étudie. Ses limites le séparent du milieu extérieur avec lequel il peut échanger soit de la matière, soit de l'énergie, ou les deux à la fois.

- **Système ouvert.** Système qui peut échanger avec l'extérieur à la fois de l'énergie et de la matière.
- **Système fermé.** Système qui ne peut échanger avec l'extérieur que de la matière, mais pas d'énergie.
- **Système isolé.** Système qui ne peut échanger avec l'extérieur ni matière, ni énergie.

Au sens le plus strict, l'univers est le seul système réellement isolé, puisque ne pouvant rien céder ni capter vers « l'extérieur ».

Comment peut-on avoir des énergies négatives dans les calculs ?

Tout ce qui est apporté au système est compté positivement, tout ce qui est enlevé au système est compté négativement (comme les mouvements d'argent sur un compte en banque). Il est donc possible, comme pour l'argent, d'avoir de l'énergie affectée d'un signe négatif d'après les conventions thermodynamique. Mais bien entendu, l'énergie négative n'existe pas.

Quelles sont les différentes variables thermodynamique d'un système ?

Les variables dites variables d'état correspondent aux grandeurs mesurables dans un système et vont caractériser ce dernier. On distingue deux grands types de grandeurs :

- **Grandeurs extensives**. Ces grandeurs sont proportionnelles à la quantité de matière (volume, masse...) du système. Elles sont donc additives.

• **Grandeurs intensives**. Ces grandeurs sont indépendantes de la quantité de matière (température, masse volumique...). Elles ne sont donc pas additives.

Toute région d'un système dans laquelle les grandeurs intensives varient de manière continue constituera une phase.

On peut remarquer qu'il existe également des variables d'état dont la variation est indépendante du chemin suivi pour effectuer cette variation. On les appelle alors des fonctions d'état.

Toutes ces grandeurs sont reliées entre elles par des relations qui prennent ainsi le nom d'équation d'état.

Quelles sont les différentes transformations que peut subir un système ?

La transformation est l'évolution d'un système d'un état initial à un état final. On distingue plusieurs types de transformations :

Transformation isotherme : à température constante.

Transformation isobare : à pression constante.

Transformation isochore : à volume constant.

Transformation adiabatique : sans échange de chaleur.

Transformation inversible : pouvant s'effectuer dans les deux sens.

Transformation réversible : transformation inversible qui passe par une infinité d'états d'équilibres. On note cependant que la plupart des auteurs font l'amalgame entre inversible et réversible.

Que dit le premier principe de thermodynamique ?

Le premier principe pose la conservation de l'énergie : l'énergie interne d'un système isolé est constante. L'univers étant le seul système strictement isolé, son énergie est constante.

L'énergie interne notée U d'un système est la somme de toutes les énergies qui le constituent. Il n'est malheureusement pas possible de calculer l'énergie interne U d'un système, mais seulement la variation d'énergie interne ΔU.

La variation d'énergie interne d'un système ne peut donc provenir que du transfert d'énergie soit par travail W, soit par chaleur Q :

$$\Delta U = \Delta W + \Delta Q.$$

ΔU : variation d'énergie interne.

W : travail échangé lors de la transformation.

Q : chaleur échangée lors de la transformation.

Par exemple, d'après ce principe, lors d'une transformation cyclique qui ramène le système dans son état initial, la variation d'énergie interne de ce système est nulle.

Qu'est-ce que le travail W ?

Il s'agit de l'énergie mise en jeu par une force lorsque celle-ci entraîne le déplacement d'un corps.

$$\delta W = |F \cdot dl| .$$

W : travail élémentaire en Joule.

F : force en Newton.

dl : déplacement élémentaire en mètre.

Si la force F est une force de pression, on obtient pour son travail :

$$\delta W = |P \cdot S \cdot dl| = |P \cdot dV| .$$

P : pression en Pascal.

S : surface en m^2.

dV : variation élémentaire de volume en m^3.

Qu'est-ce que la chaleur Q ?

Il ne faut pas confondre ce terme avec celui de température, la chaleur correspondant à l'énergie échangée d'un corps chaud vers un corps froid. On lui donne également le nom d'énergie calorifique ou thermique. On peut la calculer grâce aux formules suivantes.

$$Q = m \cdot c \cdot \Delta T .$$

m : masse en kg.

c : chaleur massique en $J.kg^{-1}.K^{1}$

ΔT : variation de température.

$$Q = n \cdot C \cdot \Delta T$$

n : quantité de matière en mol.

C : chaleur molaire en $J.mol^{-1}\ K^{-1}$.

ΔT : variation de température.

Les chaleurs massiques et molaires intervenant dans ces relations sont en réalité dépendantes de la température. La quantité de chaleur Q se donne par les relations :

$$Q = m \int_{T_1}^{T_2} c_{(T)} \cdot dT \text{ et } Q = n \int_{T_1}^{T_2} C_{(T)} \cdot dT .$$

À quoi correspond l'enthalpie H ?

Les transformations chimiques les plus fréquentes en chimie, puisque la verrerie est très rarement fermée, se déroulent à la pression atmosphérique constante. Dans ce cas, nous pouvons dire que :

$$\Delta U = W + Q_{(P)} = -\int_{V_1}^{V_2} PdV + Q_{(P)} = -P(V_2 - V_1) + Q(P)$$

$$Q_{(P)} = \Delta U + P(V_2 - V_1) = (U_2 + PV_2) - (U_1 + PV_1).$$

On définit ainsi une nouvelle fonction d'état appelée enthalpie définie par :

$$Q_{(P)} = H_2 - H_1 = \Delta H \text{ soit } H = U + PV.$$

L'enthalpie est la chaleur échangée lors d'une transformation à pression constante.

– Si $\Delta H > 0$: réaction exergonique (qui libère de l'énergie).
– Si $\Delta H < 0$: réaction endergonique (qui consomme de l'énergie).
– Si $\Delta H = 0$: réaction aénergétique.

L'énergie échangée l'étant le plus souvent sous forme de chaleur, on dit que les transformations sont exothermiques, endothermiques ou athermiques.

On utilise très souvent les enthalpies dites de formation qui correspondent à l'énergie associée à la réaction qui permet la formation d'une mole d'un corps dans les conditions standard, à partir des corps purs simples, pris, eux aussi, dans les conditions standard.

Quelles sont les conditions standard ?

Un composé est dans les conditions standard lorsqu'il se trouve dans son état thermodynamiquement le plus stable, à une température constante (en général 298 K), sous une pression de 1 bar ($1 \cdot 10^5$ Pa).

Les conditions standard sont symbolisées par le signe « ° ».

Comment détermine-t-on les enthalpies de réactions chimiques ?

L'enthalpie standard d'une réaction est égale à la somme des enthalpies standard de formation des produits moins la somme des enthalpies standard de formation des réactifs (loi de Hess).

Si l'on ne dispose pas de toutes les enthalpies de formation, on peut combiner ces dernières avec des enthalpies d'autres réactions qui constituent des étapes de la réaction étudiée.

Soit la réaction $A \rightarrow B$ à laquelle on associe l'enthalpie de réaction $\Delta_r H$. Si cette réaction peut se décomposer en différentes étapes (1) et (2) $A \xrightarrow{(1)} C \xrightarrow{(2)} B$, alors l'enthalpie de la réaction est la somme des enthalpies de chaque étape :

$$\Delta_r H = \Delta_r H_1 + \Delta_r H_2.$$

Comment procède-t-on lorsque l'un des composés change d'état physique ?

On définit alors l'énergie mise en jeu lors du passage du composé d'un état 1 à un état 2 à une température constante. Cette énergie est appelée chaleur latente (de changement d'état) et est notée L.

On peut ainsi classiquement avoir :

- une chaleur latente de fusion $L_{\text{fus}} = \Delta H_{\text{fus}}$: passage de l'état solide à l'état liquide ;
- une chaleur latente de sublimation $L_{\text{sub}} = \Delta H_{\text{sub}}$: passage de l'état solide à l'état gazeux ;
- une chaleur latente d'ébullition $L_{\text{eb}} = \Delta H_{\text{eb}}$: passage de l'état liquide à l'état gazeux.

Exercice 7.1 : Formation de l'acide benzoïque

* a. Connaissant la formule de l'acide benzoïque (C_6H_5COOH), écrire l'équation de sa combustion dans le dioxygène de l'air.

b. Calculer son enthalpie standard de formation à 298 K.

On donne à 298 K :
$\Delta_f H^0 CO_{2(g)} = -393{,}1 \text{ kJ}\cdot\text{mol}^{-1}$
$\Delta_f H^0 H_2O_{(l)} = -285{,}5 \text{ kJ}\cdot\text{mol}^{-1}$
$\Delta_{\text{comb}} H^0 C_6H_5COOH = -3\,227{,}8 \text{ kJ}.$

a. La combustion produit de l'eau liquide et du dioxyde de carbone gazeux :

$$C_6H_5COOH_{(s)} + \frac{15}{2} O_{2(g)} \rightarrow 7CO_{2(g)} + 3H_2O_{(l)}.$$

b. L'enthalpie de formation de l'acide benzoïque solide correspond à la réaction suivante :

$$7C_{(s)} + O_{2(g)} + 3H_{2(g)} \rightarrow C_6H_5COOH.$$

Si nous rapprochons les deux équations en faisant apparaître les grandeurs thermodynamiques, nous obtenons :

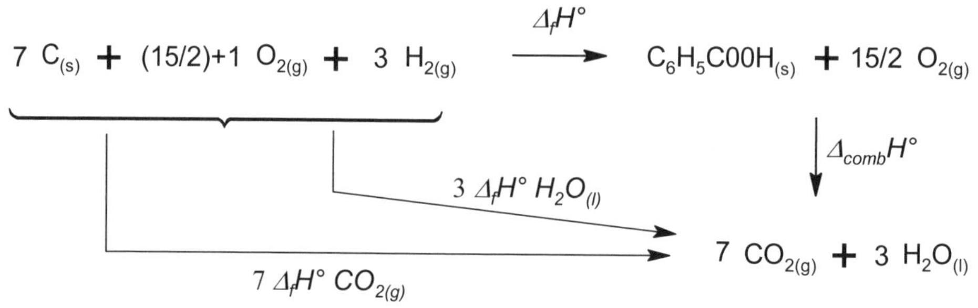

Nous en déduisons donc la relation suivante :

$$\begin{aligned}\Delta_f H^0 &= \left[\left(7 \times \Delta_f H^0 CO_{2(g)}\right) + \left(3 \times \Delta_f H^0 H_2O_{(l)}\right)\right] - \left[\Delta_{comb} H^0\right] \\ &= [(7 \times -393{,}1) + (3 \times -285{,}5)] - [-3\,227{,}8] \\ &= -380{,}4 \text{ kJ}\end{aligned}$$

Exercice 7.2 : Formation de la vapeur d'eau

**

a. Calculer l'enthalpie standard de formation de l'eau à l'état de gaz.

b. En déduire la valeur de cette enthalpie de formation à 600 K.

Données

$\Delta_f H^0 H_2O_{(l)} = -285{,}5 \text{ kJ}\cdot\text{mol}^{-1}$

$L_{vap} H_2O = 44{,}0 \text{ kJ}\cdot\text{mol}^{-1}$

$C_p H_2O_{(g)} = 30{,}1 \text{ J}\cdot\text{mol}^{-1}\cdot\text{K}^{-1}$

$C_p H_{2(g)} = 29{,}3 \text{ J}\cdot\text{mol}^{-1}\cdot\text{K}^{-1}$

$C_p O_{2(g)} = 25{,}5 \text{ J}\cdot\text{mol}^{-1}\cdot\text{K}^{-1}$.

a. L'enthalpie de formation de l'eau est associée à la réaction suivante :

$$H_{2(g)} + \frac{1}{2}O_{2(g)} \xrightarrow{\Delta_f H^0 H_2O_{(g)}} H_2O_{(g)}.$$

Mais qui peut en fait se décomposer en deux réactions successives :

$$H_{2(g)} + \frac{1}{2}O_{2(g)} \xrightarrow{\Delta_f H^0 H_2O_{(l)}} H_2O_{(l)} \xrightarrow{L_{vap} H_2O} H_2O_{(g)}.$$

Ce qui nous permet d'écrire que :

$$\begin{aligned}\Delta_f H^0 H_2O_{(g)} &= \Delta_f H^0 H_2O_{(l)} + L_{vap} H_2O \\ &= -285{,}6 + 44{,}0 \\ &= -241{,}6 \text{ kJ}\cdot\text{mol}^{-1}.\end{aligned}$$

b. Pour déterminer la valeur à 600 K, nous allons considérer trois étapes distinctes :

- Passage des réactifs de 298 K à 600 K.
- Formation de l'eau à l'état de gaz à 600 K.
- Passage du produit (l'eau gaz) de 600 K à 298 K.

D'après le premier principe de thermodynamique, l'ensemble de ces étapes constitue un cycle énergétique dont la somme des étapes est nulle :

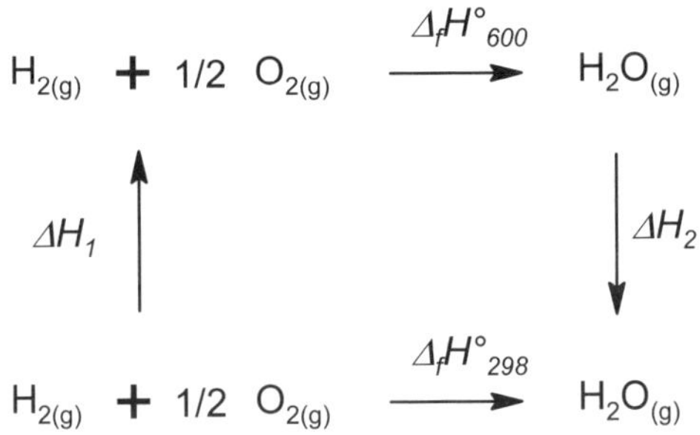

Nous pouvons donc écrire que :

$$\Delta_f H^0_{600} = -\Delta H_1 + \Delta_f H^0_{298} - \Delta H_2.$$

Il nous reste à déterminer ΔH_1 et ΔH_2. Nous utilisons pour cela la relation :

$$\begin{aligned}\Delta H_1 &= C_p \cdot dT \\ &= C_p\mathrm{H_2}\,(600 - 298) + \frac{1}{2} C_p\mathrm{O_2}\,(600 - 298) \\ &= 29{,}3\,(600 - 298) + \frac{1}{2} 25{,}5\,(600 - 298) \\ &= 12{,}79\ \mathrm{kJ \cdot mol^{-1}}.\end{aligned}$$

$$\begin{aligned}\Delta H_2 &= C_p \cdot dT \\ &= C_p\mathrm{H_2O}\,(298 - 600) \\ &= 30{,}1\,(298 - 600) \\ &= \quad 9{,}09\ \mathrm{kJ \cdot mol^{-1}}.\end{aligned}$$

Cela nous amène donc à :

$$\begin{aligned}\Delta_f H^0_{600} &= -\Delta H_1 + \Delta_f H^0_{298} - \Delta H_2 \\ &= -12{,}79 + (-241{,}6) - (-9{,}09) \\ &= -244{,}5\ \mathrm{kJ \cdot mol^{-1}}.\end{aligned}$$

Exercice 7.3 : Énergie de résonance du benzène

*
*

On détermine l'enthalpie de la réaction d'addition de l'hydrogène sur le benzène qui produit le cyclohexane $\Delta_r H_1^0 = -208{,}5\ \text{kJ}\cdot\text{mol}^{-1}$. Connaissant également l'enthalpie de la réaction d'hydrogénation du cyclohexène produisant le cyclohexane ($\Delta_r H_2^0 = -119{,}7\ \text{kJ}\cdot\text{mol}^{-1}$), déterminer l'énergie de résonance du benzène.

Nous pouvons associer aux deux énergies fournies les réactions suivantes :

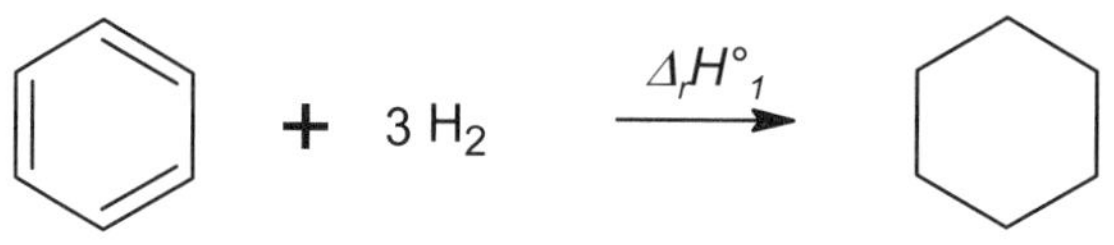

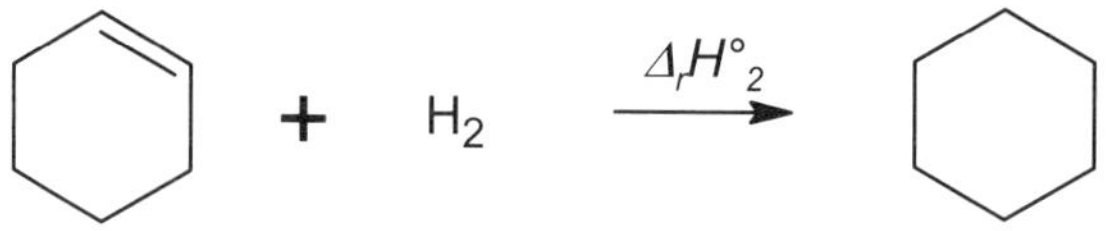

Il faudrait donc $3 \times (\Delta_r H_2^0)$ pour hydrogéner un cyclohexatriène, c'est-à-dire une énergie de $3 \times -119{,}7 = -359{,}1\ \text{kJ}\cdot\text{mol}^{-1}$.

La différence d'énergie avec celle nécessaire pour hydrogéner le benzène est de :

$$-359{,}1 - (-208{,}5) = -150{,}6\ \text{kJ}\cdot\text{mol}^{-1}.$$

Cette énergie correspond à l'énergie de stabilisation du benzène, c'est-à-dire à son énergie de résonance.

Exercice 7.4 : Complexes d'hydratation du cuivre (d'après ENS, 2000)

*
*
*

Calculer les enthalpies des réactions de formation des deux complexes hydratés du cuivre suivant les réactions suivantes :

$$Cu_{(s)} + 6H_2O_{(l)} + qH^+_{(aq)} \rightarrow \left[Cu\,(H_2O)_6\right]^{q+}_{(aq)} + \frac{q}{2}H_{2(g)} \quad \text{avec } q = 1 \text{ ou } 2.$$

Données

- Charge élémentaire : $e = 1{,}60\cdot10^{-19}$ C.
- Constante d'Avogadro : $N_A = 6{,}02\cdot10^{23}\ \text{mol}^{-1}$.
- Énergie de première ionisation de l'hydrogène : 13,6 eV.
- Énergie de première ionisation du cuivre : 7,75 eV.
- Énergie de deuxième ionisation du cuivre : 20,3 eV.
- Affinité électronique du cuivre : 1,23 eV.
- Enthalpie standard de sublimation du cuivre : 337 $\text{kJ}\cdot\text{mol}^{-1}$.

– Enthalpie standard de vaporisation de l'eau : 44 $kJ \cdot mol^{-1}$.

– Enthalpie standard de dissociation du dihydrogène : 436 $kJ \cdot mol^{-1}$.

$H^+_{(g)} = H^+_{(aq)}$ $\quad \Delta_r H° = -1\,090\ kJ \cdot mol^{-1}$.

$Cu^+_{(g)} + 6H_2O_{(g)} = [Cu(H_2O)_6]^+_{(aq)}$ $\quad \Delta_r H° = -580\ kJ \cdot mol^{-1}$.

$Cu^{2+}_{(g)} + 6H_2O_{(g)} = [Cu(H_2O)_6]^{2+}_{(aq)}$ $\quad \Delta_r H° = -2\,100\ kJ \cdot mol^{-1}$.

La première chose à faire dans cet exercice est de transposer les énergies fournies en eV en $J.mol^{-1}$.

Nous savons que 1 eV $= 1{,}60 \cdot 10^{-19}$ J, soit $1{,}60 \cdot 10^{-19} \times 6{,}02 \cdot 10^{23} = 96{,}3\ kJ \cdot mol^{-1}$.

La réaction proposée est en fait la somme de différentes équations (les données fournies dans l'énoncé nous aiguillent vers ces étapes), ce qui nous donne :

Pour $q = 1$:

$Cu_{(s)} + 6H_2O_{(l)} + H^+_{(aq)} \rightarrow [Cu(H_2O)_6]^+_{(aq)} + \frac{1}{2}H_{2(g)}$	$\boldsymbol{\Delta_r H°_1}$
$Cu_{(s)} = Cu_{(g)}$	Énergie de sublimation du cuivre 337 $kJ \cdot mol^{-1}$.
$Cu_{(g)} = Cu^+_{(g)} + e^-$	Énergie de première ionisation du cuivre $7{,}75 \times 96{,}3 = 7{,}46 \cdot 10^2\ kJ \cdot mol^{-1}$.
$Cu^+_{(g)} + 6H_2O_{(g)} = [Cu(H_2O)_6]^+_{(aq)}$	$-580\ kJ \cdot mol^{-1}$.
$6H_2O_{(l)} = 6H_2O_{(g)}$	6 (Enthalpie de vaporisation de l'eau) $6 \times 44 = 264\ kJ \cdot mol^{-1}$.
$H^+_{(aq)} = H^+_{(g)}$	$-(-1\,090)\ kJ \cdot mol^{-1}$.
$H^+_{(g)} + e^- = H_{(g)}$	– (Énergie de première ionisation de l'hydrogène) $-(13{,}6 \times 96{,}3) = -1{,}31 \cdot 10^3\ kJ \cdot mol^{-1}$.
$H_{(g)} = \frac{1}{2}H_{2(g)}$	– 0,5 (Enthalpie de dissociation du dihydrogène) $-0{,}5(436) = -218\ kJ \cdot mol^{-1}$.

En additionnant les énergies associées aux différentes étapes, nous obtenons une variation d'enthalpie de $\Delta_r H°_1 = 329\ kJ \cdot mol^{-1}$.

Pour $q = 2$:

$Cu_{(s)} + 6H_2O_{(l)} + 2H^+_{(aq)} \rightarrow [Cu(H_2O)_6]^{2+}_{(aq)} + H_{2(g)}$	$\Delta_r H°_2$
$Cu_{(s)} = Cu_{(g)}$	Énergie de sublimation du cuivre 337 $kJ \cdot mol^{-1}$.
$Cu_{(g)} = Cu^{2+}_{(g)} + 2e^-$	Énergie de première et de deuxième ionisation du cuivre $(7{,}75+20{,}3) \times 96{,}3 = 2{,}7010^3\ kJ \cdot mol^{-1}$.
$Cu^{2+}_{(g)} + 6H_2O_{(g)} = [Cu(H_2O)_6]^{2+}_{(aq)}$	$-2\,100\ kJ \cdot mol^{-1}$.
$6H_2O_{(l)} = 6H_2O_{(g)}$	6 (Enthalpie de vaporisation de l'eau) $6 \times 44 = 264\ kJ \cdot mol^{-1}$.
$2H^+_{(aq)} = 2H^+_{(g)}$	$-2(-1\,090) = 2\,180\ kJ \cdot mol^{-1}$.
$2H^+_{(g)} + 2e^- = 2H_{(g)}$	– 2 (Énergie de première ionisation de l'hydrogène) $-2(13{,}6 \times 96{,}3) = -2{,}62 \cdot 10^3\ kJ \cdot mol^{-1}$.
$2H_{(g)} = H_{2(g)}$	– (Enthalpie de dissociation du dihydrogène) $-436\ kJ \cdot mol^{-1}$.

En additionnant les énergies associées aux différentes étapes, nous obtenons une variation d'enthalpie de $\Delta_r H°_2 = 325\ kJ \cdot mol^{-1}$.

Exercice 7.5 : Combustion du gaz naturel (d'après Capes, 2006)

** On s'intéresse à la combustion du gaz naturel, assimilé à du méthane dans le dioxygène.

$$CH_{4(g)} + 2O_{2(g)} = CO_{2(g)} + 2H_2O_{(l)}. \qquad (1)$$

On donne les enthalpies standard de formation à 298 K, en $kJ \cdot mol^{-1}$.

Espèces	$CH_{4(g)}$	$O_{2(g)}$	$CO_{2(g)}$	$H_2O_{(l)}$
$\Delta H°f$	$-74{,}4$	0	$-393{,}5$	$-285{,}8$

a. Justifier précisément le fait que l'enthalpie standard de formation du dioxygène gazeux à 298 K soit nulle.

b. En déduire la valeur de l'enthalpie standard de la réaction (1), notée $\Delta_r H°_1$.
On considère une enceinte de volume $V = 1{,}00\ m^3$ de gaz naturel, assimilé à du méthane pur, gaz parfait pris à 298 K sous une pression $P_0 = 1{,}00$ bar.

c. Calculer la quantité n de méthane contenue dans cette enceinte.

d. Calculer l'énergie libérée par la combustion totale de cette quantité n de méthane à $T = 298$ K fixée et sous la pression $P_0 = 1$ bar fixée.

e. Combustion dans l'air : rappeler les trois principaux (proportions molaires) constituants de l'air atmosphérique sec, par ordre décroissant de quantité.

f. Calculer le volume d'air (mélange de gaz parfait contenant 20 % de dioxygène) nécessaire à la combustion de cette quantité n de méthane.

On appelle tep (tonne équivalent pétrole) l'unité correspondant à l'énergie libérée par la combustion d'une tonne de pétrole à $T = 298$ K sous la pression P_0. On donne 1 tep $= 42 \cdot 10^9$ J.

g. Calculer la masse de méthane dont la combustion, dans les mêmes conditions, peut libérer une énergie de 1 tep.

h. À masse égale, le méthane est-il un combustible plus ou moins efficace que le pétrole ?

La combustion du méthane peut également s'effectuer suivant la réaction de combustion incomplète traduite par l'équation :

$$CH_{4(g)} + 1{,}5O_{2(g)} = CO_{(g)} + 2H_2O_{(l)} \quad (2) \quad \Delta_r H°_2 = -533{,}3 \text{ kJ} \cdot \text{mol}^{-1} \text{ à } 298 \text{ K.}$$

i. Citer deux gros inconvénients de cette réaction par rapport à la réaction (1).

a. Par définition, l'enthalpie de formation d'un corps pur simple pris dans son état standard est nulle ; or le corps pur le plus simple contenant de l'oxygène est le gaz dioxygène.

b. En appliquant le premier principe de thermodynamique, on peut donc écrire :

$$\Delta_r H°_1 = \Delta_f H°(CO_2) + 2\Delta_f H°(H_2O) - 2\Delta_f H°(O_2) - \Delta_f H°(CH_4)$$

$$\Delta_r H°_1 = -393{,}5 + 2 \times (-285{,}8) - (-74{,}4) = -891 \text{ kJ} \cdot \text{mol}^{-1}.$$

c. En appliquant la loi des gaz parfaits, il est facile d'obtenir la quantité n dans cette enceinte.

$$P_0 V = nRT \Rightarrow n = \frac{P_0 V}{RT} = \frac{1{,}00 \cdot 10^5 \times 1{,}00}{8{,}31 \times 298} = 40{,}4 \text{ mol.}$$

d. Grâce aux deux résultats précédents, nous déterminons l'énergie libérée par la combustion de ces 40,4 mol.

$$E_{\text{libérée}} = n \cdot \Delta_r H_1^0 = 40{,}4 \times 891 = 3{,}60 \cdot 10^4 \text{ kJ.}$$

e. L'air sec est composé d'environ 78 % de diazote, de 21 % de dioxygène et de 1 % de gaz rares, dont l'argon est l'un des principaux représentants.

f. Pour brûler 40,4 mol de gaz, il faut une quantité de 80,8 mol de dioxygène, soit un volume de dioxygène de 2,00 m^3. Si l'on considère environ 20 % de dioxygène dans l'air, il faudra un volume d'air d'environ 10,0 m^3.

g. Il faut donc calculer la masse de méthane nécessaire pour libérer l'équivalent d'une tep, soit une énergie de $42 \cdot 10^9$ J. Or, nous savons qu'une mole de méthane libère 891 kJ, une mole de méthane ayant une masse de 16 g.

L'énergie libérée par la combustion d'un gramme de méthane est donc de :

$$\frac{891}{16{,}0} = 55{,}7\ \mathrm{kJ \cdot g^{-1}}, \quad \text{soit} \quad 55{,}7 \cdot 10^9\ \mathrm{J \cdot t^{-1}}.$$

Pour libérer l'énergie équivalente à une tonne de pétrole, il faudrait donc :

$$\frac{42 \cdot 10^9}{55{,}7 \cdot 10^9} = 7{,}5 \cdot 10^{-1}\ \mathrm{t}.$$

Soit environ 750 kg.

h. Nous voyons donc que le méthane est un meilleur combustible que le pétrole.

i. Cette seconde réaction présente plusieurs inconvénients par rapport à la première :

- l'énergie libérée est nettement inférieure à celle libérée par la réaction (1) ;
- il y a libération de monoxyde de carbone, gaz mortel pour l'homme.

Cette seconde réaction nous rappelle d'ailleurs que pour qu'une combustion soit réalisée dans de bonnes conditions, il faut une bonne oxygénation.

Exercice 7.6

***

Décomposition de l'eau oxygénée (d'après Agrégation, 2006)

Cette réaction très lente est catalysée par les ions Fe^{3+}. Dans un calorimètre de capacité thermique $C' = 5{,}00\ \mathrm{J \cdot K^{-1}}$, on place $V = 50{,}0$ mL d'une solution d'eau oxygénée à la concentration $C_0 = 0{,}921\ \mathrm{mol \cdot L^{-1}}$ dont la température est relevée pendant 4 min sous agitation douce. À $t = 5$ min, on ajoute $V_1 = 10{,}0$ mL d'une solution de nitrate de fer (III) à $0{,}50\ \mathrm{mol \cdot L^{-1}}$. La température est à nouveau relevée pendant 15 min. Le tableau suivant rassemble les résultats.

t (min)	0	1	2	3	4	6	7	8	9	10
T °C	22,20	22,14	22,08	22,02	21,96	29,00	35,75	36,87	37,10	36,65

t (min)	11	12	13	14	15	16	17	18	19	20
T °C	36,20	35,75	35,30	34,85	34,40	34,00	33,50	33,05	32,55	32,15

a. Indiquer comment la méthode des mélanges permet de déterminer la capacité thermique du calorimètre. Poser l'expression littérale permettant de faire le calcul.

b. Tracer $T = f(t)$. Interpréter.
L'enthalpie de réaction est déterminée en prenant pour température initiale $T_1 = 21{,}9$ °C et pour température finale $T_2 = 38{,}9$ °C.

c. Justifier le choix de ces valeurs de température initiale et finale pour l'étude.

d. En considérant que le mélange réactionnel a une masse volumique $\rho = 1{,}00\ \mathrm{g \cdot mL^{-1}}$ et une capacité thermique massique $C = 4{,}18\ \mathrm{J \cdot g^{-1} \cdot K^{-1}}$, calculer la valeur expérimentale (supposée indépendante de la température) de l'enthalpie standard de décomposition de l'eau oxygénée.

e. Correspond-elle à la valeur théorique calculée avec les données suivantes ?

Données

Enthalpies standard de formation en $kJ \cdot mol^{-1}$: $\Delta_f H^\circ H_2O_{2(l)} = -191{,}2$; $\Delta_f H^\circ H_2O_{(l)} = -285{,}8$.

a. On mélange deux volumes d'eau à des températures différentes, puis on relève la température finale atteinte à l'équilibre thermique. Si l'on considère le système constitué par le calorimètre (et ses accessoires) et l'eau comme adiabatique, nous pouvons déterminer la capacité thermique du calorimètre.

Pour simplifier les expressions, nous allons prendre deux échantillons d'eau de volumes identiques.

– Échantillon 1 (eau « froide ») : masse m, volume V et température T_1.
– Échantillon 2 (eau « chaude ») : masse m, volume V et température T_2 $(T_2 > T_1)$.

Température finale atteinte par le mélange T_f.

Le calorimètre contenant l'eau 1 est au départ à la même température T_1.

– Chaleur gagnée par le calorimètre (et ses accessoires) : $Q_C = (C')\left(T_f - T_1\right)$.
– Chaleur gagnée par l'échantillon d'eau 1 : $Q_1 = (mC_{eau})\left(T_f - T_1\right)$.
– Chaleur cédée par l'échantillon d'eau 2 : $Q_2 = (mC_{eau})\left(T_f - T_2\right)$.

Le système étant adiabatique, nous posons que $Q_C + Q_1 + Q_2 = 0$.

$$(C')\left(T_f - T_1\right) + (mC_{eau})\left(T_f - T_1\right) + (mC_{eau})\left(T_f - T_2\right) = 0.$$

Donc :

$$C' = \frac{mC_{eau}\left(-2T_f + T_1 + T_2\right)}{T_f - T_1}.$$

b. Traçons la courbe de la température en fonction du temps.

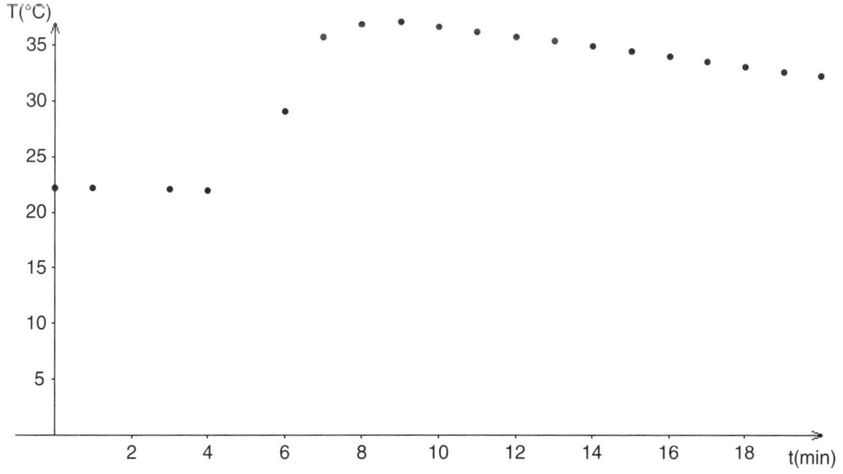

c. Nous observons que les deux valeurs de température choisies correspondent aux limites de température pour lesquelles la variation a été la plus forte. Dans cette zone, les ions fer(III) ont pleinement joué leur rôle de catalyseur. Il est donc logique d'effectuer l'étude dans cette gamme de température.

d. La chaleur dégagée par la réaction a permis de chauffer le calorimètre (et ses accessoires) et le mélange réactionnel, soit :

$$\begin{aligned} Q &= C'(T_2 - T_1) + m_{\text{mélange}} \cdot C(T_2 - T_1) \\ &= C'(T_2 - T_1) + \rho(V_1 + V)\,C(T_2 - T_1) \\ &= 5{,}00\,(38{,}9 - 21{,}9) + 1{,}00\,(10{,}0 + 50{,}0)\,4{,}18\,(38{,}9 - 21{,}9) \\ &= 4{,}35 \cdot 10^3 \text{ J}. \end{aligned}$$

La quantité d'eau oxygénée utilisée dans l'expérience étant de

$$n = C_0 \cdot V = 0{,}921 \times 50{,}0 \cdot 10^{-3} = 4{,}61 \cdot 10^{-2} \text{ mol},$$

nous en déduisons que l'enthalpie standard de décomposition de l'eau oxygénée vaut :

$$\Delta H^\circ_{\text{exp}} = \frac{Q}{n} = \frac{4{,}35 \cdot 10^3}{4{,}61 \cdot 10^{-2}} = 9{,}44 \cdot 10^4 \text{ J} \cdot \text{mol}^{-1} = 94{,}4 \text{ kJ} \cdot \text{mol}^{-1}.$$

e. Le calcul de la valeur théorique de cette enthalpie fait intervenir les enthalpies de formation des réactifs et des produits suivant la réaction :

$$H_2O_{2(l)} = H_2O_{(l)} + \frac{1}{2}O_{2(g)}.$$

Nous obtenons donc la relation suivante :

$$\Delta H^\circ_{\text{th}} = \Delta_f H_{H_2O_{(l)}} + \frac{1}{2}\Delta_f H_{O_{2(g)}} - \Delta_f H_{H_2O_{2(l)}}.$$

Comme par définition, les enthalpies de formation des corps purs simples sont nulles, l'expression se simplifie et nous permet de calculer la valeur théorique de cette enthalpie :

$$\begin{aligned} \Delta H^\circ_{\text{th}} &= \Delta_f H_{H_2O_{(l)}} - \Delta_f H_{H_2O_{2(l)}} \\ &= -285{,}8 - (-191{,}2) \\ &= -94{,}6 \text{ kJ} \cdot \text{mol}^{-1}. \end{aligned}$$

L'écart entre la valeur expérimentale et la valeur théorique n'est que de 0,2 %, ce qui nous permet d'affirmer que ces deux valeurs se correspondent bien.

Exercice 7.7 : Étude du calorimètre de Bunsen

*
**

On introduit dans ce calorimètre de l'eau à 0 °C, dans laquelle plonge un tube où va être réalisée la réaction dont on désire déterminer la chaleur de réaction Q. Ce tube est recouvert d'un manchon de glace à 0 °C.

Lorsque la réaction a lieu, la chaleur dégagée sert intégralement à faire fondre la glace entourant le tube, entraînant une diminution de volume de l'ensemble. Cette diminution de volume est repérée par la variation de la hauteur d'eau dans un tube dont une des extrémités plonge dans le calorimètre, et l'autre se situe à l'extérieur.

Par une simple lecture de la variation de hauteur de l'eau dans ce tube, on en déduit la chaleur de la réaction qui a eu lieu.

On introduit dans le tube $V_1 = 5{,}0$ mL d'une solution d'acide chlorhydrique à 0 °C à une concentration $C_1 = 2{,}0\ \text{mol}\cdot\text{L}^{-1}$. On y ajoute $V_2 = 5{,}0$ mL d'une solution d'hydroxyde de sodium à 0 °C à une concentration $C_2 = 2{,}0\ \text{mol}\cdot\text{L}^{-1}$.

La variation de la hauteur h de liquide dans le tube est de 3,90 cm, pour une section S du tube de 4,00 mm^2.

Données

– Chaleur latente de fusion de la glace $L_f = 334\ \text{J}\cdot\text{g}^{-1}$.
– Masse volumique de l'eau $\rho H_2O_{(l)} = 1{,}00\ \text{g}\cdot\text{mL}^{-1}$.
– Masse volumique de la glace $\rho H_2O_{(s)} = 0{,}918\ \text{g}\cdot\text{mL}^{-1}$.

a. Montrer simplement, d'après les données, que la fonte de la glace se traduit bien par une diminution de volume.

b. Déterminer la chaleur de la réaction qui s'est déroulée dans ce calorimètre en J et en $\text{J}\cdot\text{mol}^{-1}$.

a. La masse volumique de la glace est inférieure à celle de l'eau liquide ; la glace occupe donc un volume plus important pour une même masse d'eau liquide. Lors de sa fonte, la même masse de glace transformée en eau liquide occupe donc un volume plus faible.

b. Puisque la chaleur dégagée par la réaction sert intégralement à faire fondre la glace, nous en déduisons que : $Q = m \cdot L_f$ avec m : masse de glace fondue.
La variation du volume d'eau dans le tube traduit la variation de volume dans le calorimètre, soit : $\Delta V = S \cdot h$. Cette variation est due à la diminution du volume par passage de la glace à l'eau liquide, soit : $\Delta V = V_{H_2O(l)} - V_{H_2O(s)}$.
Les expressions des masses volumiques de l'eau et de la glace nous amènent à :

$$\rho_{H_2O_{(l)}} = \frac{m_{H_2O_{(l)}}}{V_{H_2O_{(l)}}} \quad \text{et} \quad \rho_{H_2O_{(s)}} = \frac{m_{H_2O_{(s)}}}{V_{H_2O_{(s)}}}.$$

Mais puisque toute la glace fondue s'est transformée en eau liquide, les masses sont identiques et égales à m.
Nous pouvons donc écrire en rapprochant l'ensemble des réactions :

$$\Delta V = V_{H_2O(l)} - V_{H_2O(s)} = S \cdot h = m\left(\frac{1}{\rho_{H_2O_{(l)}}} - \frac{1}{\rho_{H_2O_{(s)}}}\right)$$

$$\text{Soit } m = \frac{S \cdot h}{\left(\frac{1}{\rho_{H_2O_{(l)}}} - \frac{1}{\rho_{H_2O_{(s)}}}\right)}.$$

Donc :

$$Q = m \cdot L_f = \frac{S \cdot h}{\left(\dfrac{1}{\rho_{H_2O_{(l)}}} - \dfrac{1}{\rho_{H_2O_{(s)}}}\right)} L_f$$

$$= \frac{4{,}00 \cdot 10^{-6} \times 3{,}90 \cdot 10^{-2}}{\left(\dfrac{1}{1{,}00 \cdot 10^3} - \dfrac{1}{9{,}18 \cdot 10^2}\right)} \times 334 \cdot 10^3 = -5{,}83 \cdot 10^2 \text{ J}$$

On a introduit dans ce calorimètre une quantité d'acide de :

$$n = C_1 \cdot V_1 = 2{,}0 \times 5{,}0 \cdot 10^{-3} = 1{,}0 \cdot 10^{-2} \text{ mol.}$$

Ce qui nous donne une chaleur de réaction de : $\dfrac{Q}{n} = \dfrac{-5{,}83 \cdot 10^2}{1{,}0 \cdot 10^{-2}} = -58 \text{ kJ} \cdot \text{mol}^{-1}$.

Acido-basicité 8

Ce qu'il faut savoir

Quelles sont les caractéristiques d'un acide ou d'une base ?

Remarque
Il existe plusieurs définitions des acides et des bases, mais la plus employée est celle du chimiste Brönsted :
Un acide est une espèce capable de céder un ou plusieurs protons H^+.

Une base est une espèce capable de capter un ou plusieurs protons H^+.

On parle ainsi de monoacide, diacide ou triacide suivant que l'acide peut libérer un, deux ou trois protons. De la même manière, on parle de monobase, dibase ou tribase suivant que la base peut capter un, deux ou trois protons.

Qu'est-ce qu'un couple acido-basique ?

Un acide perdant un (ou plusieurs) protons se transforme en une base dite conjuguée (et réciproquement) capable de gagner un (ou plusieurs) protons. Ces deux espèces sont donc liées par un équilibre acide base et forment un couple acido-basique.

$$\text{acide} = \text{base} + n\text{H}^+.$$

Par exemple, l'acide acétique forme un couple avec l'ion éthanoate, sa base conjuguée

$$CH_3COOH = CH_3COO^- + H^+.$$

Remarque
Dans l'équilibre d'un équilibre chimique, il est maintenant préconisé l'emploi du signe « = » en remplacement des doubles flèches $\rightleftarrows$.

Qu'est-ce qu'un composé amphotère ?

Un composé amphotère est à la fois l'acide d'un couple et la base d'un autre couple. Il présente, suivant le milieu, soit un caractère acide, soit un caractère basique.

Le cas le plus classique est celui de l'eau qui intervient dans les deux couples suivants :

$$\begin{aligned} H_2O + H^+ &= H_3O^+ \\ H_2O &= HO^- + H^+ \end{aligned}.$$

Où elle est respectivement la base du premier couple, et l'acide du second.

Quelles sont les conditions pour qu'une réaction acido-basique ait lieu ?

Pour qu'une réaction acido-basique ait lieu, il faut obligatoirement un acide (cédant les protons) et une base (captant ces protons) appartenant à deux couples acide base différents :

$$\begin{aligned} \text{acide}_1 &= \text{base}_1 + H^+ \\ \text{base}_2 + H^+ &= \text{acide}_2 \\ \hline \text{acide}_1 + \text{base}_2 &= \text{base}_1 + \text{acide}_2. \end{aligned}$$

L'eau étant un composé amphotère, le simple fait de placer un acide ou une base dans l'eau suffit à engendrer une réaction acido-basique.

Qu'est-ce que l'autoprotolyse de l'eau ?

L'eau réagit sur elle-même selon un équilibre acido-basique appelé autoprotolyse de l'eau :

$$H_2O + H_2O = H_3O^+ + HO^-.$$

Cette réaction possède une constante d'équilibre appelée constante d'autoprotolyse de l'eau définit suivant la loi d'action de masse par :

$$K_e = \left[H_3O^+\right] \cdot \left[HO^-\right].$$

À 25 °C, K_e vaut 10^{-14}, cette valeur augmentant avec la température.

À quoi correspondent les constantes d'acidité ?

La constante d'acidité K_a d'un couple acido-basique est la constante liée à l'équilibre de dissociation de l'acide :

$$AH + H_2O = A^- + H_3O^+.$$

Elle se détermine d'après la relation suivante :

$$K_a = \frac{\left[H_3O^+\right] \times \left[A^-\right]}{[AH]}.$$

On peut donc, en première approximation, dire que plus un acide est fort, plus sa constante d'acidité est élevée.

On pourrait de même définir les constantes de basicité : la constante de basicité K_b est la constante liée à l'équilibre d'association de la base :

$$B + H_2O = BH^+ + HO^-.$$

$$K_b = \frac{[BH^+] \times [HO^-]}{[B]}.$$

Là encore, nous pouvons simplement dire que plus une base est forte et plus sa constante de basicité est élevée.

Pour un couple acide-base, ces deux constantes sont opposées, et donc $K_a = \frac{1}{K_b}$; on se contente généralement du seul K_a pour le caractériser.

Les acides et les bases étant le plus souvent en solution aqueuse, les valeurs des pK_a des deux couples de l'eau vont nous indiquer la force des acides et des bases.

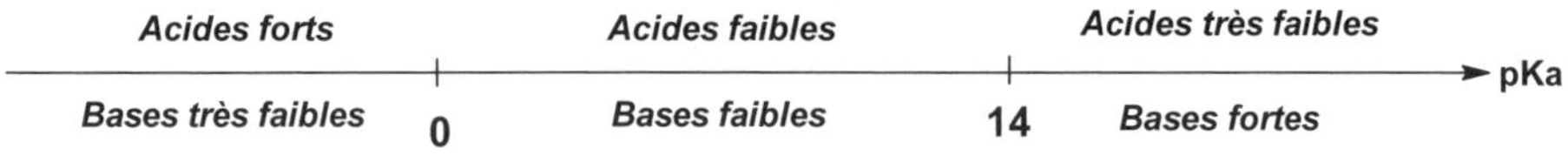

Comment déterminer la constante d'une réaction acido-basique ?

On considère la réaction qui a lieu entre les espèces de deux couples acido-basique :

$$\begin{array}{rcl} \text{acide}_1 & = & \text{base}_1 + H^+ \\ \text{base}_2 + H^+ & = & \text{acide}_2 \\ \hline \text{acide}_1 + \text{base}_2 & \underset{2}{\overset{1}{\rightleftarrows}} & \text{base}_1 + \text{acide}_2 \end{array}$$

Chaque couple étant caractérisé respectivement par son pK_{a1} et son pK_{a2}, on peut définir la constante de réaction K_R :

$$K_R = \frac{K_{a1}}{K_{a2}} = pK_{a2} - pK_{a1}$$

- Si $K_R > 1$: la réaction est déplacée dans le sens 1. La réaction a lieu entre l'acide et la base le plus fort.
- Si $K_R < 1$: la réaction est déplacée dans le sens 2.

Si l'on considère que la réaction est totale quand au moins 99 % des réactifs ont été consommés, alors il faut que K_R soit supérieure à 10^4.

À quoi correspond le pH d'une solution ?

Le pH est défini simplement par la concentration des ions oxonium :

$$pH = -\text{Log}\left[H_3O^+\right].$$

Grâce à la relation d'Henderson, on peut écrire, pour tout couple acido-basique, la relation entre le pH du milieu dans lequel se trouvent le couple et son pK_a :

$$pH = pK_a + \text{Log}\,\frac{[\text{base}]}{[\text{acide}]}.$$

Toujours grâce à cette relation d'Henderson, on peut trouver la forme dominante du couple en fonction du pH du milieu dans lequel ce dernier se trouve.

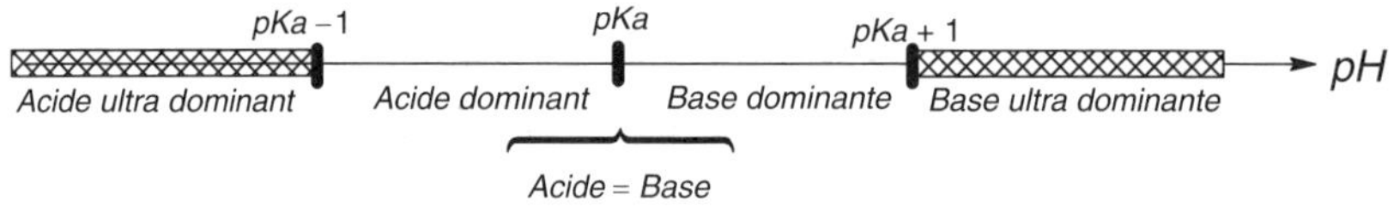

$pH < pKa$: la forme acide domine.
$pH > pKa$: la forme basique domine.
$pH = pKa$: les concentrations sont égales.

Le pH s'évalue par la mesure d'une différence de potentiel entre une électrode de mesure et une électrode de référence.

Comment peut-on calculer le pH d'une solution ?

Les calculs du pH sont délicats car ils dépendent des conditions expérimentales suivant lesquelles il est possible d'effectuer un certain nombre d'approximations. Certaines de ces approximations devront être vérifiées *a posteriori* pour montrer leur validité.

- **Acide fort**

La concentration en ions oxonium est la même que la concentration C de l'acide, puisque celui-ci est entièrement dissocié dans l'eau.

$$pH = -\text{Log}\left[H_3O^+\right] = -\text{Log}\,C \quad \text{avec } C \text{ : concentration de l'acide fort.}$$

Remarque
Attention à vérifier *a posteriori* que la concentration en ions hydroxyde est bien négligeable devant celle des ions oxonium. Cela est valable pour des $pH < 6{,}5$.

Vérifier également que la base conjuguée est bien l'espèce majoritaire, soit que $pH > pK_a + 1$.

- **Base forte**

$$pH = pK_e + \text{Log}\,C \quad \text{avec } C \text{ : concentration de la base forte.}$$

Remarque
Attention à vérifier *a posteriori* que la concentration en ions oxonium est bien négligeable devant celle des ions hydroxyde.

Vérifier également que l'acide conjugué est majoritaire, soit que pH $< pK_a - 1$.

- **Acide faible**

$$\text{pH} = \frac{1}{2}(pK_a - \text{Log } C) \quad \text{avec } C \text{ : concentration initiale en acide faible.}$$

Il faut vérifier *a posteriori* que la concentration en base conjuguée est négligeable devant celle de l'acide faible (pH $< pK_a - 1$), mais également que celle des ions hydroxyde est négligeable devant celle des ions oxonium. Cela revient à vérifier que $K_a/C < 10^{-2}$.

- **Base faible**

$$\text{pH} = \frac{1}{2}(pK_e + pK_a + \text{Log } C) \text{ avec } C \text{ : concentration initiale en base faible.}$$

Il faut vérifier *a posteriori* que la concentration en acide conjugué est négligeable devant celle de la base faible (pH $> pKa + 1$), mais également que la concentration en ions oxonium est négligeable devant celle des ions hydroxyde. Cela revient à vérifier que $K_e/K_a.C < 10^{-2}$.

- **Ampholyte**

$$\text{pH} = \frac{1}{2}(pK_{a1} + pK_{a2}).$$

pK_{a1} : pK_a du premier couple dans lequel intervient l'ampholyte.
pK_{a2} : pK_a du second couple dans lequel intervient l'ampholyte.

Quelles sont les particularités des solutions tampon ?

De telles solutions font la particularité d'avoir un pH très stable face à la dilution ou à l'ajout de substances acides ou basiques. On définit leur pouvoir tampon t par la relation :

$$t = \frac{\Delta C_B}{\Delta \text{pH}}$$

t : pouvoir tampon.

ΔC_B : variation de la concentration en base qui déclenche une variation correspondante du pH égale à ΔpH.

Plus la valeur de t est grande, plus la solution tampon est de qualité.

Exercice 8.1

* *

Autour de la molécule d'eau (d'après Capes et Agrégation, 2006)

On s'intéresse dans cet exercice à l'ensemble des propriétés de la molécule d'eau.

L'eau, édifice atomique

a. Donner la définition du numéro atomique d'un élément.

b. Indiquer les configurations électroniques des atomes d'hydrogène et d'oxygène dans leur état fondamental ($Z_H = 1$ et $Z_0 = 8$).

c. Quelle règle permet de connaître l'ordre de remplissage des orbitales atomiques ?

d. Comment définit-on les électrons de valence ?

e. Citer des isotopes de l'élément hydrogène.

f. Donner le schéma de Lewis de la molécule d'eau.

L'eau, molécule polaire

g. Expliquer la géométrie de la molécule d'eau dans le modèle VSEPR (on prendra la valeur de l'angle égale à 104,5°)

h. Indiquer une expérience simple montrant que l'eau est un solvant polaire ; le moment dipolaire, noté P_{H_2O}, vaut 1,85 D.

i. Calculer le pourcentage de caractère ionique de la liaison O-H, sachant que la longueur de cette liaison O-H est de 96 pm.

j. Quelles sont les interactions faibles existantes entre les molécules d'eau ?

k. Décrire, après les avoir définies, les liaisons hydrogène. Quelles conséquences ont-elles sur les constantes physiques de l'eau ?

L'eau, solvant polaire

l. Expliquer quel type de composés la molécule d'eau est capable de solvater. Pourquoi ?

m. Expliquer le phénomène de solvolyse.

L'eau, composé basique

n. Définir la basicité au sens de Lewis et au sens de Brönsted. Définir de même la nucléophilie. L'eau correspond-elle à une ou plusieurs de ces définitions ?

a. Il s'agit du nombre de protons contenus dans le noyau de l'atome.

b. – Pour l'hydrogène : $1s^1$.
– Pour l'oxygène : $1s^2, 2s^2, 2p^4$.

c. La règle empirique de Klechkowski (ainsi que le principe de Pauli) permet de retrouver l'ordre des niveaux d'énergie des orbitales atomiques, et donc de trouver leur ordre de remplissage.

d. Il s'agit des électrons situés sur la dernière orbitale atomique de l'atome, c'est-à-dire celle possédant le nombre quantique principal n le plus élevé ; pour l'hydrogène, il s'agit du seul électron sur la 1s ; pour l'oxygène, ce sont les 6 électrons sur les $2s$ et $2p$.

e. La série la plus connue des isotopes de l'hydrogène correspond aux isotopes 1, 2 et 3 : ${}^{1}_{1}H$; ${}^{2}_{1}H$; ${}^{3}_{1}H$.
L'isotope 2 est plus connu sous le nom de deutérium ; l'isotope 3 sous le nom de tritium.

f. À l'aide des configurations électroniques des atomes, il est facile de déterminer la structure de Lewis de la molécule d'eau :

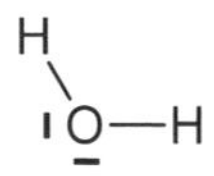

g. Dans la théorie VSEPR, l'atome central d'oxygène a une structure en AX_2E_2. Cet atome est au centre d'un tétraèdre, mais dont deux des sommets sont occupés par deux doublets non liants. La molécule apparaîtra donc comme coudée, avec un angle légèrement inférieur à 109° (en réalité proche de 105°), puisque les doublets non liants interagissent plus avec les doublets liants.

h. L'expérience la plus simple (et la plus démonstrative) consiste à électriser par frottement une règle en plexiglas, puis à l'approcher d'un mince filet d'eau ; on observe alors une forte déviation de ce filet d'eau qui ne peut s'expliquer que par la polarité de la molécule d'eau.

i. Déterminons tout d'abord la valeur du moment dipolaire de la liaison O-H.

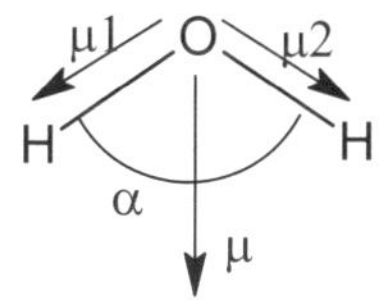

Nous savons que le moment dipolaire de la molécule correspond à la somme vectorielle des deux moments dipolaires des deux liaisons O-H. D'après la figure géométrique ci-dessus, nous en déduisons que :

$$\mu_1 = \mu_2$$
$$\mu = 2\mu_1 \cos\left(\frac{\alpha}{2}\right) .$$

Donc : $\mu_1 = \dfrac{\mu}{2\cos\left(\dfrac{\alpha}{2}\right)} = \dfrac{1{,}85}{2\cos\left(\dfrac{104{,}5}{2}\right)} = 1{,}51\text{D}$.

Si la liaison était à 100 % ionique, c'est-à-dire constituée de deux charges +e et –e distantes de d = 96 pm, alors le moment dipolaire de cette liaison purement ionique serait de :

$$P_{\text{th}} = e \cdot d_{\text{OH}} = 1{,}6 \cdot 10^{-19} \times 96 \cdot 10^{-12} = 1{,}54 \cdot 10^{-29}\ \text{C} \cdot \text{m}.$$

Or, nous savons que 1 D = $3{,}3310^{-30}$ C·m, soit que $P_{\text{th}} = \dfrac{1{,}54 \cdot 10^{-29}}{3{,}33 \cdot 10^{-30}} = 4{,}62$ D.

Le pourcentage ionique de la liaison O-H est donc de :

$$\%_{ion} = \frac{P_{\text{réel}}}{P_{\text{th}}} \times 100 = \frac{1{,}51}{4{,}62} \times 100 = 32{,}7\ \%.$$

j. Les molécules de d'eau sont des molécules polaires entre lesquelles des forces de van der Waals vont naître. Ces forces correspondent à trois types d'interactions faibles :
– interactions de Keesom : dipôle permanent – dipôle permanent ;
– interactions de Debye : dipôle permanent – dipôle induit ;
– interactions de London : dipôle induit – dipôle induit.

k. Les liaisons hydrogène font également partie des interactions faibles, mais leur énergie est beaucoup plus forte, de l'ordre de quelques kJ·mol^{-1} (au lieu de quelques J·mol^{-1} pour les autres interactions de van der Waals).
Ces liaisons hydrogène peuvent s'établir entre un atome d'hydrogène électropositif (donc relié à un atome plus électronégatif que lui) et un atome présentant des doublets non liants. La molécule d'eau permet donc l'établissement de ces liaisons hydrogène intermoléculaires.

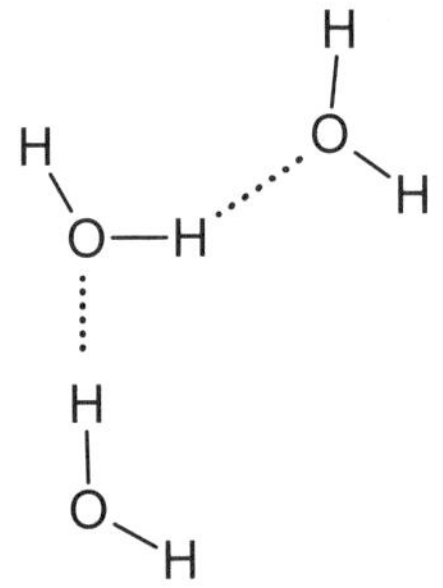

L'établissement de telles liaisons entre les molécules aura pour principale conséquence une augmentation des constantes physiques de l'eau, comme sa température d'ébullition.

l. La molécule d'eau étant polaire, elle sera capable de solubiliser tous les composés polaires, tels que les ions et les molécules polarisées par la présence d'atomes électronégatifs.

m. La solvolyse correspond à la rupture de la liaison entre deux atomes sous l'effet des molécules de solvant.
Dans le cas de l'eau, les molécules vont d'abord solvater les deux atomes de la liaison en créant autour d'eux une « couche » de molécules d'eau, ce qui va affaiblir la liaison entre ces deux atomes. Puis il y aura dispersion des deux ions dans la solution.

Il faut évidemment au départ que la liaison entre les deux atomes soit suffisamment polarisée pour que les molécules de solvant réussissent à casser cette liaison.

n. Une base de Brönsted est une entité susceptible de capter un ou plusieurs protons H^+.

Une base de Lewis est une entité possédant un ou plusieurs doublets non liants.

La nucléophilie est un caractère expérimental montrant la capacité d'une entité à attaquer des sites électrophiles (positifs).

La molécule d'eau présente l'ensemble de ces propriétés : elle est à la fois base de Lewis, de Brönsted et un bon nucléophile.

Remarque

Les calculs de pH sont toujours délicats, car il est possible d'utiliser des relations connues, mais il faut vérifier *a posteriori* que ces relations soient bien applicables. Sinon, il est toujours possible de partir de la réaction acido-basique, d'effectuer un tableau d'avancement et, de là, résoudre un polynôme du second degré.

Exercice 8.2

**

Déterminations de pH (d'après concours Fonction publique)

a. On mélange 10 mL d'acide sulfurique 0,010 mol·L^{-1} et 500 mL de chaux $Ca(OH)_2$ à $3{,}24 \cdot 10^{-5}$ mol·L^{-1}. On complète à 1,0 L avec de l'eau pure. Calculer le pH de cette solution.

b. On ajoute lentement à 100 mL d'une solution d'acide éthanoïque 0,010 mol·L^{-1} une solution de soude à 0,010 mol·L^{-1} en agitant le mélange.
– Calculer le pH initial.
– Calculer le pH après ajout de 50 mL de soude.
Couple acide-base : CH_3-COOH/CH_3-COO^- $pK_a = 4{,}8$.

a. L'acide sulfurique libère des ions oxonium d'après la réaction :

$$H_2SO_4 + 2H_2O = SO_4^{2-} + 2H_3O^+.$$

Il y a donc eu libération dans le milieu de n_a moles d'ions oxonium :

$$n_a = 2C_a \cdot V_a = 2 \times 1{,}0 \cdot 10^{-2} \times 10 \cdot 10^{-3} = 2{,}0 \cdot 10^{-4}\ \text{mol}.$$

La chaux libère des ions hydroxyde dans le milieu d'après la réaction :

$$Ca\,(OH)_2 = Ca^{2+} + 2HO^-.$$

Il y a donc libération dans le milieu de n_b moles d'ions hydroxyde :

$$n_b = 2C_b \cdot V_b = 2 \times 3{,}24 \cdot 10^{-5} \times 500 \cdot 10^{-3} = 3{,}24 \cdot 10^{-5}\ \text{mol}.$$

Les ions hydroxyde et oxonium vont donc réagir suivant la réaction :

$$H_3O^+ + HO^- = 2H_2O\,.$$

Les ions hydroxyde sont donc en défaut et seront entièrement consommés ; les ions oxonium sont en excès et leur quantité finale restante est de :

$$n_{af} = 2{,}0\cdot 10^{-4} - 3{,}24\cdot 10^{-5} = 1{,}7\cdot 10^{-4}\ \text{mol.}$$

Cette quantité étant placée dans un volume total de 1,0 L, la concentration est donc de $1{,}7\cdot 10^{-4}\ \text{mol}\cdot\text{L}^{-1}$.

Le pH est donc équivalent au pH d'une solution d'acide fort, soit :

$$\text{pH} = -\text{Log}\ C = -\text{Log}\ 1{,}7\cdot 10^{-4} = 3{,}8.$$

b. **pH initial**

Le calcul revient au calcul d'une solution d'acide faible, soit :

$$\text{pH} = \frac{1}{2}(pK_a - \text{Log}\ C) = \frac{1}{2}\left(4{,}8 - \text{Log}\ 1{,}0\cdot 10^{-2}\right) = 3{,}4.$$

Il faut maintenant observer que cette approximation du comportement d'un acide faible est vérifiée, c'est-à-dire que la concentration en ions hydroxyde est bien négligeable devant celle des ions oxonium. Cela revient à vérifier que :

$$\frac{Ka}{C} < 10^{-2},\ \text{soit ici}\ \frac{10^{-4,8}}{1{,}0\cdot 10^{-2}} = 1{,}6\cdot 10^{-3} < 10^{-2}.$$

Ce qui est bien le cas.

pH après ajout de 50 mL de soude

Les 50 mL de soude apportent une quantité d'ions hydroxyde de :

$$n_b = C_b\cdot V_b = 1{,}0\cdot 10^{-2} \times 50\cdot 10^{-3} = 5{,}0\cdot 10^{-4}\ \text{mol.}$$

Ces ions hydroxyde vont donc entièrement réagir avec une quantité équivalente d'ions oxonium, en déplaçant l'équilibre auquel participe l'acide éthanoïque :

$$CH_3COOH + H_2O = CH_3COO^- + H_3O^+.$$

La quantité initiale d'acide éthanoïque étant de :

$$n_a = C_a\cdot V_a = 1{,}0\cdot 10^{-2} \times 100\cdot 10^{-3} = 1{,}0\cdot 10^{-3}\ \text{mol,}$$

nous en déduisons que les quantités finales d'acide éthanoïque et d'ions éthanoate sont équivalentes à $5{,}0\cdot 10^{-4}$ mol.

Le mélange final est donc une solution tampon dont le pH est équivalent au pK_a du couple qui a donné naissance à cette solution, soit pH = 4,8.

Exercice 8.3 : Couples du soufre (d'après Capes, 2003)

* En solution aqueuse, les couples $SO_{2(\text{dissous})}/HSO_3^-$ (ou encore H_2SO_3/HSO_3^-) et HSO_3^-/SO_3^{2-} ont respectivement pour constante d'acidité : $K_1 = 10^{-1,9}$ et $K_2 = 10^{-7,0}$.

Calculer le pH d'une solution décimolaire de dioxyde de soufre dans l'eau (on explicitera la méthode utilisée).

Le dioxyde de soufre se transforme en ions hydrogénosulfites, eux-mêmes susceptibles de se transformer en ions sulfites, d'après deux équilibres acido-basiques.

Or seule la première acidité est à prendre en compte car bien supérieure à la seconde ($K_1 >> K_2$).

Le dioxyde de soufre est assimilé à un acide faible dont le pH est donné par la relation :

$$\begin{aligned} \text{pH} &= \frac{1}{2}(pK_1 - \text{Log } C) \\ &= \frac{1}{2}(1{,}9 - \text{Log } 0{,}1) \\ &= 1{,}5 \end{aligned}$$

Nous vérifions *a posteriori* que nous sommes bien dans le domaine de prédominance du dioxyde de soufre ($\text{pH} < pK_a - 1$).

Exercice 8.4 : Échelles de pH

* a. Discuter de la valeur du pH à la neutralité du sang, considéré en première approximation comme une solution aqueuse à 37 °C.

b. Quelle serait l'échelle des pH si les solutions étaient réalisées dans un solvant tel que l'acide méthanoïque ($K_a = 10^{-6,2}$) ?

a. Le sang est considéré comme une solution aqueuse, dont la température est de 37 °C. Or nous savons que lors de l'élévation de la température, la constante d'autoprotolyse de l'eau, qui est une constante d'équilibre, augmente.

La valeur de *pKe* est donc de $10^{-14,0-x}$, sans que nous ayons les moyens, d'après l'énoncé, de connaître la nouvelle valeur. Néanmoins, nous pouvons dire que le pH à la neutralité sera obligatoirement inférieur à 7,0 (en réalité, il est de 6,8).

b. D'après la valeur du *Ka* de l'acide méthanoïque donnée dans l'énoncé, nous en déduisons que le *pKe* est de 6,2. Les pH seraient donc compris entre 0 et 6,2, avec une valeur de pH à la neutralité de 3,1.

Exercice 8.5

** **Étude d'un acide aminé (d'après concours Fonction publique)**

L'alanine a pour formule chimique $CH_3CH(NH_2)COOH$. Ce composé existe à l'état solide et en solution aqueuse sous la forme d'un amphion ou ion dipolaire ou zwitterion, de formule chimique $CH_3CH(NH_3^+)COO^-$.

a. Expliquer la formation de cet ion.

b. Quelle est la formule de la base conjuguée du zwitterion ?

c. Quelle est la formule de l'acide conjugué du zwitterion ?

d. Le zwitterion intervenant dans deux couples acide/base, attribuer à chaque couple sa constante d'acidité en justifiant votre réponse. On donne les deux valeurs égales à 2,3 et 9,9.

e. Établir le domaine de prédominance de chaque espèce intervenant dans les deux couples acide/base (cités en 4).

f. Calculer à 25 °C le pH d'une solution d'alanine de concentration 0,1 $mol \cdot L^{-1}$.

a. Les acides aminés présentent tous une fonction basique aminée NH_2 et une fonction acide carboxylique COOH. Ces deux fonctions sont donc susceptibles de s'ioniser.

b. La base conjuguée a pour formule : $CH_3CH(NH_2)COO^-$. Les deux fonctions sont susceptibles de gagner un proton.

c. L'acide conjugué a pour formule : $CH_3CH(NH_3{}^+)COOH$. Les deux fonctions sont susceptibles de perdre un proton.

d. Le zwitterion est un ampholyte, base d'un couple et acide d'un autre :

$$CH_3CH(NH_3^+)COOH/CH_3CH(NH_3^+)COO^- \quad pKa_1 = 2{,}3.$$

$$CH_3CH(NH_3^+)COO^-/CH_3CH(NH_2)COO^- \quad pKa_2 = 9{,}9.$$

Le premier couple possède le *pKa* le plus faible, car la forme acide du couple possède ses deux fonctions sous leur forme acide ($NH_3{}^+$ et COO^-).

e. Le diagramme de prédominance est construit par rapport aux *pKa*, sachant que la forme acide du couple domine à un pH < *pKa* :

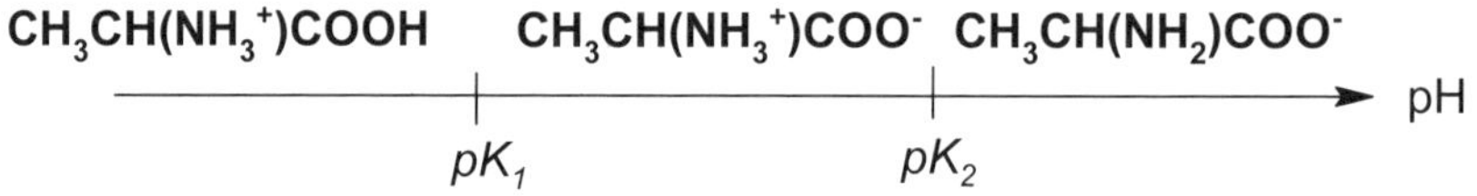

f. Le pH d'une solution contenant un ampholyte est donné par la relation :

$$pH = \frac{1}{2}(pKa_1 + pKa_2) \quad \text{soit} \quad pH = \frac{1}{2}(2{,}3 + 9{,}9) = 6{,}1.$$

Nous vérifions que nous sommes bien dans le domaine de prépondérance du zwitterion. Signalons que la concentration n'intervient pas dans le calcul.

Exercice 8.6 : Indicateur coloré de pH (d'après Capes)

* * a. Qu'est-ce qu'un indicateur coloré de pH (nature chimique, principe de fonctionnement...) ?

L'hélianthine est constituée des ions sodium et des ions de formule :

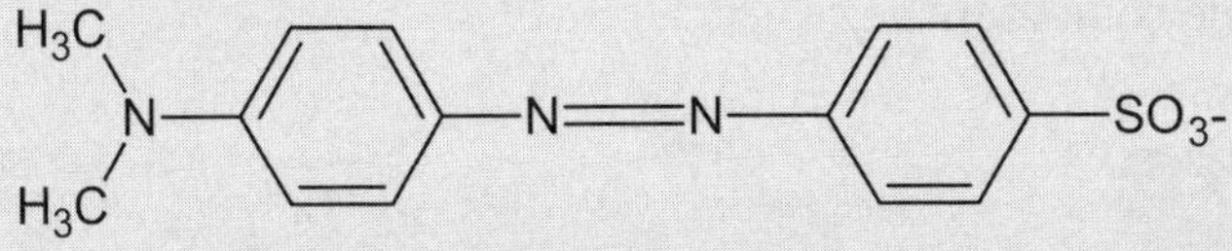

b. Représenter les formules de la forme acide et de la forme basique de l'hélianthine.

c. La zone de virage de l'hélianthine étant comprise entre pH = 3,2 et pH = 4,5, donner l'ordre de grandeur du *pKa* de cet indicateur.

d. Expliquer le changement de coloration entre la forme acide et la forme basique de l'hélianthine.

a. Un indicateur coloré est une espèce chimique organique appartenant à un couple acido-basique, dont les formes acide et basique n'ont pas la même coloration. Ce changement de coloration se fait dans une zone restreinte de pH appelée la zone de virage.

Le changement de coloration est dû à un changement dans la structure de l'indicateur, ce qui modifie sa capacité d'absorption du spectre visible.

b. Les formes acide et basique de cet indicateur sont donc liées par un équilibre acido-basique (à gauche, la forme basique) :

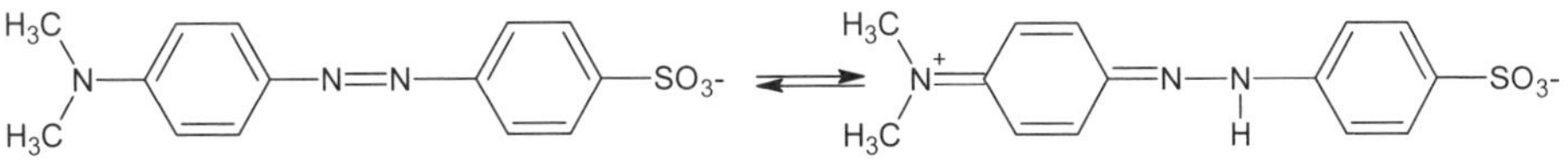

$$In^- + H^+ \rightleftharpoons InH$$

c. Nous savons que le changement de coloration se fait autour de la valeur du *pKa* de l'indicateur coloré ; la zone de virage est ainsi comprise entre $pKa + 1$ et $pKa - 1$, ce qui permet de tracer le diagramme de prédominance suivant :

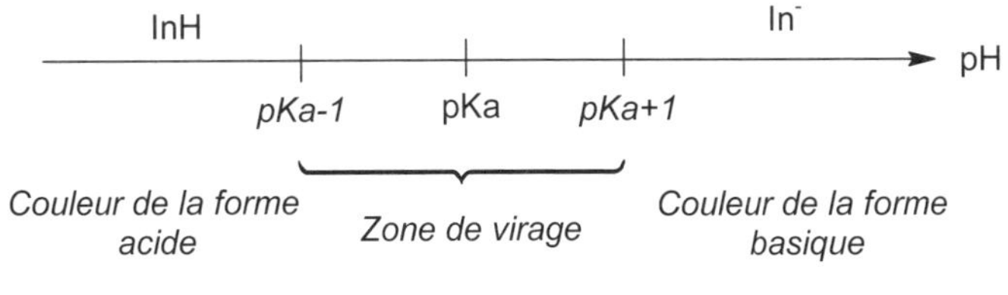

Le *pKa* de cet indicateur coloré doit donc être proche de 3,9.

d. Le changement de couleur entre les deux formes est dû à un changement dans la structure de l'indicateur coloré. La forme acide présente des doubles liaisons mieux conjuguées que dans le forme basique. Cela entraîne une différence d'absorption du spectre de la lumière visible.

Ainsi, la forme basique du couple apparaît de couleur jaune, alors que la forme acide est de couleur rouge.

Exercice 8.7

* Comportement des acides et des bases en solution aqueuse (d'après Capes)

a. Donner la définition d'une solution aqueuse d'acide fort et d'une solution aqueuse de base forte. Citer quelques exemples dans chaque cas.

b. Quelle est l'espèce chimique considérée généralement comme étant l'acide le plus fort pouvant exister dans une solution aqueuse ? Même question pour l'espèce basique la plus forte.

c. Définir le *pKa* d'un couple acido-basique en solution aqueuse.

d. Montrer que l'on peut classer les couples acido-basiques à l'aide de ces *pKa*.

a. Les acides forts sont des acides entièrement dissociés dans l'eau, qui forment des ions oxonium H_3O^+ par une réaction totale avec l'eau. On connaît notamment HCl, H_2SO_4, HBr.

Les bases fortes sont des bases qui réagissent entièrement avec l'eau pour engendrer des ions hydroxyde HO^-. Les alcoolates sont parmi les bases les plus fortes.

b. Une solution d'acide fort ne contient que des ions oxonium (et la base conjuguée de l'acide fort qui les a engendrés) ; l'acide fort est « remplacé » par les ions oxonium en solution aqueuse, ces ions étant l'acide le plus fort qui puisse exister dans l'eau.

Il y a ce que l'on appelle nivellement de la force des acides par l'eau.

Une solution de base forte ne contient donc que les ions hydroxyde (et l'acide conjugué de la base forte qui les a engendrés) ; la base forte est donc « remplacée » par les ions hydroxyde en solution aqueuse, ces ions étant la base la plus forte qui puisse exister dans l'eau.

Il y a, là encore, nivellement de la force des bases par l'eau.

c. Le *Ka* se définit comme la constante d'acidité du couple, c'est-à-dire comme la constante associée à l'équilibre acido-basique mettant en jeu les deux espèces :

$$AH + H_2O = A^- + H_3O^+ \quad \text{avec} \quad Ka = \frac{[H_3O^+][A^-]}{[AH]}.$$

Le *pKa* correspond tout simplement à $pKa = -\text{Log}Ka$.

d. D'après la définition du *pKa*, on observe que plus sa valeur est élevée, et plus l'acide a réagi avec l'eau. Donc plus le *Ka* est élevé (ou le *pKa* petit), plus l'acide est fort. Une échelle de *Ka* (ou de *pKa*) permet de classer les couples acido-basiques en fonction de leur « force », c'est-à-dire de leur réaction avec l'eau.

Exercice 8.8 : Solution de chlorure d'ammonium (d'après Centrale)

*** On mélange 200,0 mL d'une solution de chlorure d'ammonium (0,010 mol·L^{-1}) avec de la soude (1,0 mol·L^{-1}). Donner, en justifiant brièvement la réponse, le pH de la solution lors de l'ajout de 0 ; 1,0 ; 2,0 ; 3,0 mL de soude.

On donne : constante d'acidité du couple NH_4^+ / NH_3 : $Ka = 10^{-9,2}$.

- **Pour *V* = 0 mL**
  La solution de chlorure d'ammonium libère des ions ammonium appartenant à un couple de $pKa = 9,2$. Il s'agit d'une solution d'acide faible, dont le pH est donné par la relation :

$$\begin{aligned} \text{pH} &= \frac{1}{2}(pK_a - \text{Log}\, C) \\ &= \frac{1}{2}(9,2 - \text{Log}\, 0,010) \\ &= 5,6 \end{aligned}$$

Nous vérifions *a posteriori* que l'acide faible est bien majoritaire devant sa base conjuguée, soit que $K_a/C < 10^{-2}$ (ici, $\frac{10^{-9,2}}{0,010} = 6,3\cdot 10^{-8} \ll 10^{-2}$), ce qui est donc bien le cas.

- **Pour *V* = 1,0 mL**
  La quantité d'ions hydroxyde versée est de

$$n_{OH^-} = CV = 1,0 \times 1,0\cdot 10^{-3} = 1,0\cdot 10^{-3} \text{ mol}.$$

Or la quantité d'acide initiale est de

$$n_a = CV = 0,010 \times 200,0\cdot 10^{-3} = 2,0\cdot 10^{-3} \text{ mol},$$

soit très exactement deux fois plus.
Nous pouvons considérer la réaction entre les ions ammonium et les ions hydroxyde comme totale, ce qui entraîne, qu'à l'état final, il reste $1,0\cdot 10^{-3}$ mol d'ions ammonium et qu'il a été formé $1,0\cdot 10^{-3}$ mol d'ammoniac, sa base conjuguée.
Nous sommes donc en présence d'une solution contenant la même quantité (donc la même concentration) d'un acide et d'une base du même couple. D'après la relation d'Henderson, nous venons donc de fabriquer une solution tampon dont le pH est égal au *pKa* du couple qui la constitue :

$$\text{pH} = pK_a + \text{Log}\frac{[\text{base}]}{[\text{acide}]} = 9,2 + \text{Log}\, 1 = 9,2.$$

- **Pour V = 2,0 mL**

D'après les calculs précédents, nous venons de verser la même quantité d'ions hydroxyde que d'acide faible initialement. Les ions ammonium vont donc intégralement réagir pour former $2{,}0 \cdot 10^{-3}$ mol d'ammoniac, soit une concentration en ammoniac de $C = \dfrac{2{,}0 \cdot 10^{-3}}{200{,}0 \cdot 10^{-3}} = 1{,}0 \cdot 10^{-2}\ \text{mol} \cdot \text{L}^{-1}$.

Le pH est donc celui d'une solution de base faible (l'ammoniac), ce qui nous permet d'appliquer la relation suivante :

$$\text{pH} = \frac{1}{2}(pK_e + pK_a + \text{Log}\ C) = \frac{1}{2}\left(14 + 9{,}2 + \text{Log}\ 1{,}0 \cdot 10^{-2}\right) = 10{,}6.$$

Nous devons vérifier que nous sommes bien dans le domaine de prédominance de la base faible ammoniac, ce qui est le cas puisque $10{,}6 > pKa = 9{,}2$.

- **Pour V = 3,0 mL**

Les ions hydroxyde ont été ajoutés en excès, et ce sont eux qui vont imposer le pH de la solution. Leur concentration est de

$$\left[\text{HO}^-\right] = \frac{1{,}0 \cdot 10^{-3}}{200{,}0 \cdot 10^{-3}} = 5{,}0 \cdot 10^{-3}\ \text{mol} \cdot \text{L}^{-1}.$$

Le pH d'une solution de base forte est donné par la relation :

$$\begin{aligned}\text{pH} &= pK_e + \text{Log}\ C \\ &= 14 + \text{Log}\ \left(5{,}0 \cdot 10^{-3}\right). \\ &= 11{,}7\end{aligned}$$

Exercice 8.9 : Solutions tampon (d'après Capes)

**

a. Qu'est-ce qu'une solution tampon ?

b. Définir le pouvoir tampon d'une telle solution.

On veut préparer 1,0 L de solution tampon de pH = 4,8. On dispose d'une solution aqueuse d'acide éthanoïque à $1{,}0\ \text{mol} \cdot \text{L}^{-1}$ et d'une solution d'éthanoate de sodium à la même concentration.

c. Indiquer comment préparer cette solution tampon et calculer son pouvoir tampon.

À 1,0 L de la solution tampon précédente, on rajoute 1,0 mL de solution de soude de même concentration $1{,}0\ \text{mol} \cdot \text{L}^{-1}$.

d. Quelle est la variation de pH correspondante ?

e. Comparer à la variation de pH obtenue en ajoutant la même quantité d'ions hydroxyde à 1,0 L d'eau. Conclure.

f. Citer un autre tampon usuel présent dans les laboratoires.

On donne : *pKa* acide éthanoïque/ion éthanoate = 4,80.

a. Les solutions tampon sont des solutions dont le pH est très stable, et ne varie pratiquement pas malgré l'ajout d'acides ou de bases. De même, le pH est très stable malgré les effets de dilution.

b. Le pouvoir tampon est défini par la relation :

$$t = \frac{\Delta C_B}{\Delta \mathrm{pH}}.$$

t : pouvoir tampon.

ΔC_B : variation de la concentration en base qui déclenche une variation correspondante du pH égale à ΔpH.

Plus la valeur de t est élevée, et plus la solution tampon est de qualité.

c. Une solution tampon peut être fabriquée en mélangeant en quantités égales l'acide et la base d'un même couple acido-basique. Les solutions d'acide éthanoïque et d'ions éthanoate étant de concentrations identiques, il suffira de mélanger ces deux solutions suivant des volumes égaux.

Le pH de la solution tampon sera alors égal au pKa du couple qui lui a donné naissance, c'est-à-dire, ici, à 4,80.

d. Pour le calcul du pouvoir tampon, nous allons chercher quelle est la variation de pH de la solution tampon en fonction de l'ajout d'une certaine quantité d'ions hydroxyde.

Postulons que nous ajoutions dans la solution tampon $1 \cdot 10^{-2}$ mol d'ions hydroxyde (nous négligerons la variation de volume de la solution) dans la solution contenant 0,50 mol d'acide éthanoïque et 0,50 mol d'ions éthanoate. Ces ions hydroxyde vont alors réagir totalement avec l'acide éthanoïque pour le transformer en ion éthanoate. Les quantités finales d'ions éthanoate et d'acide éthanoïque seront de :

– Acide éthanoïque : 0,49 mol.

– Ions éthanoate : 0,51 mol.

Le pH de la solution sera alors donné par la relation d'Henderson :

$$\begin{aligned} \mathrm{pH} &= pK_a + \mathrm{Log}\,\frac{[\mathrm{base}]}{[\mathrm{acide}]} \\ &= 4{,}80 + \mathrm{Log}\,\frac{0{,}51}{0{,}49} \\ &= 4{,}817 \end{aligned}.$$

Soit une variation de pH $\Delta\mathrm{pH} = 0{,}017$ pour une variation de concentration de base de $\Delta C_B = 0{,}010$.

Le pouvoir tampon de la solution vaut donc :

$$t = \frac{\Delta C_B}{\Delta \mathrm{pH}} = \frac{0{,}010}{0{,}017} = 0{,}59\ \mathrm{mol \cdot L^{-1} \cdot upH^{-1}}.$$

On ajoute dans 1,0 L de la solution tampon $1 \cdot 10^{-3}$ mol d'ions hydroxyde (l'effet de dilution est négligeable). La variation de concentration ΔC_B est donc de $1 \cdot 10^{-3}\ \mathrm{mol \cdot L^{-1}}$.

Grâce à la valeur du pouvoir tampon, nous obtenons une variation de pH de :

$$\Delta\text{pH} = \frac{\Delta C_B}{t} = \frac{1\cdot 10^{-3}}{0{,}59} = 1{,}7\cdot 10^{-3}.$$

e. La même quantité d'ions hydroxyde dans 1,0 L d'eau nous amène à calculer le pH d'une solution de base forte, soit :

$$\text{pH} = pK_e + \text{Log}\, C = 14 + \text{Log}\, 1\cdot 10^{-3} = 11.$$

Ce qui représente une variation de pH de 4 unités.

Nous comprenons bien l'intérêt de telles solutions tampon pour stabiliser le pH, ici lors d'ajout de base.

f. Un autre tampon très utilisé est le tampon ammoniacal NH_4^+/NH_3.

Exercice 8.10 : L'acide polyphosphorique (d'après Capes)

** L'acide polyphosphorique $H_{n+2}P_nO_{3n+1}$ comporte n acidités fortes ($pKa < 2$) et deux acidités faibles, l'une de $pKa_1 = 6{,}5$, l'autre de $pKa_2 = 9{,}3$.

On considérera en première approximation que l'ion polyphosphate est une monobase faible appartenant à un couple noté BH^+/B de $pKa = 9{,}3$.

a. Écrire le couple où intervient l'ion polyphosphate.

b. Calculer le pH d'une solution de B de concentration $0{,}10\ \text{mol}\cdot\text{L}^{-1}$.

a. La molécule réagissant avec l'eau pour produire des ions polyphosphates ne « contient » donc plus qu'un seul atome d'hydrogène susceptible de réagir avec l'eau, soit :

$$HP_n\,O_{3n+1}^{(n+1)-} + H_2O = P_n\,O_{3n+1}^{(n+2)-} + H_3O^+$$

$$BH^+ + H_2O = B + H_3O^+$$

b. L'énoncé nous dit que nous pouvons considérer les ions polyphosphates comme une base faible, dont le pH est donné par la relation :

$$\begin{aligned}\text{pH} &= \frac{1}{2}(pK_e + pK_a + \text{Log}\, C)\\ &= \frac{1}{2}(14 + 9{,}3 + \text{Log}\, 0{,}1)\\ &= 11{,}2\end{aligned}$$

Nous vérifions *a posteriori* que la base faible est bien l'espèce majoritaire (pH $> pKa + 1$).

Exercice 8.11 : L'acide picrique (d'après Capes)

Le phénol fut l'un des premiers antiseptiques utilisés en médecine (Lister, 1867). De nos jours, il est remplacé dans cet usage par des dérivés moins toxiques. Parmi eux, l'acide picrique ou 2,4,6-trinitrophénol est employé pour ses propriétés astringentes (il resserre les tissus vivants) et cicatrisantes.

a. Donner la formule semi-développée du phénol et du 2,4,6-trinitrophénol.

b. Faire apparaître l'équilibre acido-basique du couple phénol/ion phénolate.

c. Interpréter la forte différence dans la valeur du *pKa* du phénol et de l'acide picrique.
Dans une fiole jaugée de 250,0 mL, on place une masse de 4,580 g d'acide picrique solide. Le volume est ajusté jusqu'au trait de jauge par de l'eau distillée.

d. Calculer la concentration *Ca* d'acide picrique dans la solution.

e. Calculer le pH de cette solution.
On donne :
– *pKa* phénol/ion phénolate = 9,95.
– *pKa* 2,4,6-trinitrophénol/ion 2,4,6-trinitrophénolate = 0,80.
Masses molaires ($g \cdot mol^{-1}$) : H = 1 C = 12 N = 14 O = 16.

a. Donnons les formules semi-développées des deux composés :

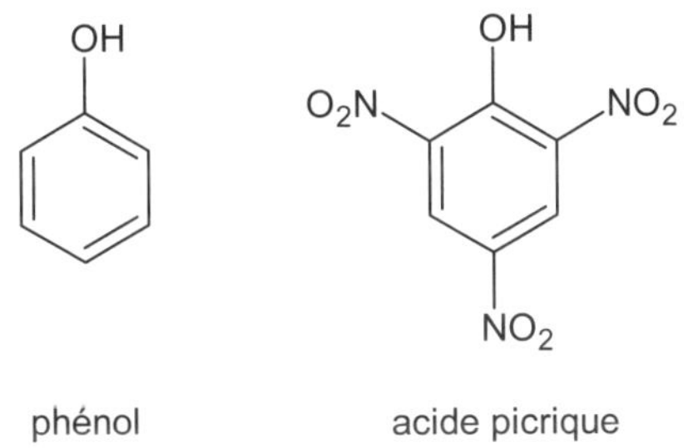

phénol acide picrique

b. Écrivons la réaction du phénol avec l'eau :

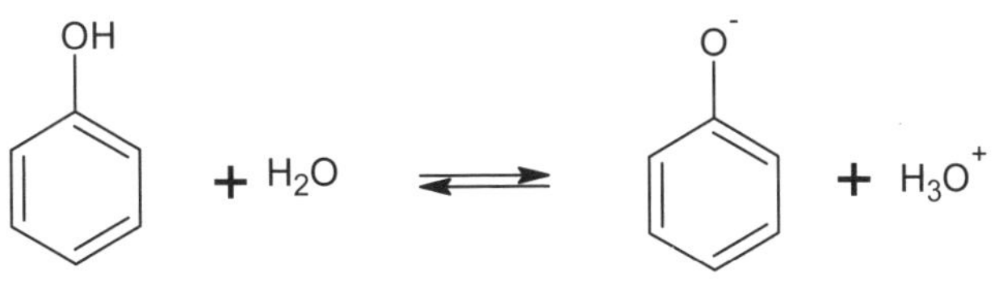

c. L'acide picrique contient trois groupements NO_2, qui possèdent un caractère inductif attracteur. Ces derniers vont donc accentuer la polarisation de la liaison O-H, et faciliter ainsi le départ de l'hydrogène. Le caractère acide va s'en trouver exalté, ce qui se traduit par une forte augmentation du *Ka* (donc une forte baisse du *pKa*).

d. La masse molaire de l'acide picrique est de $M = 229\ \text{g}\cdot\text{mol}^{-1}$.
La concentration de la solution d'acide picrique est donc de :

$$Ca = \frac{n}{V} = \frac{m}{MV} = \frac{4{,}58}{229 \times 250\cdot 10^{-3}} = 8{,}00\cdot 10^{-2}\ \text{mol}\cdot\text{L}^{-1}.$$

e. Considérons l'acide picrique comme un acide fort ; le pH est alors donné par la relation :

$$\text{pH} = -\text{Log}\, C = -\text{Log}\, 8{,}00\cdot 10^{-2} = 1{,}1.$$

Le *pKa* du couple étant de 0,80, nous ne sommes pas dans une valeur de pH où l'acide serait entièrement dissocié en sa base conjuguée, c'est-à-dire où pH > *pKa*+1.
Nous allons donc devoir résoudre un polynôme de second degré pour trouver la concentration en ions oxonium, et ainsi déterminer la valeur du pH.
Établissons le tableau d'avancement traduisant la réaction qui se produit entre l'acide picrique (noté *AH*) et l'eau.

	AH	+ H_2O	= A^-	+ H_3O^+
EI	Ca		0	0
EF	Ca − x		x	x

La concentration en ions oxonium vaut donc x.
L'expression du *Ka* du couple est donnée par la relation :

$$Ka = \frac{[A^-][H_3O^+]}{[AH]} = \frac{x^2}{Ca - x}, \quad \text{soit} \quad x^2 + Ka\cdot x - KaCa = 0.$$

Ce qui nous donne pour x la valeur de $5{,}8410^{-2}$, qui correspond à la concentration en ions oxonium. Le pH vaut donc :

$$\text{pH} = -\text{Log}\, x = -\text{Log}\, 5{,}84\cdot 10^{-2} = 1{,}23.$$

Exercice 8.12 : Détermination de *Ka*

* Le pH d'une solution d'acide éthanoïque de concentration $5{,}0\cdot 10^{-3}\ \text{mol}\cdot\text{L}^{-1}$ est de 3,5.
Calculer la constante d'acidité de cet acide.

Nous postulons que l'acide éthanoïque est un acide faible, ce qui nous permet d'écrire la relation :

$$\text{pH} = \frac{1}{2}(pK_a - \text{Log}\, C).$$

Nous tirons de cette relation l'expression puis la valeur du Ka de l'acide éthanoïque :

$$\begin{aligned} Ka &= 10^{-(2\text{pH}+\text{Log }C)} \\ &= 10^{-\left(2\times 3{,}5+\text{Log }5\cdot 10^{-3}\right)}. \\ &= 2{,}0\cdot 10^{-5} \end{aligned}$$

Cela correspond donc à un pKa de 4,7 ; la valeur de pH indique que nous sommes dans le domaine $\text{pH} < pKa - 1$, par conséquent que l'approximation de l'acide faible était justifiée.

Exercice 8.13

** **Dosage d'un acide fort par une base forte (d'après Capes)**

a. Qu'est-ce qu'un dosage ?

On verse progressivement une solution d'hydroxyde de sodium dans 20,0 mL d'une solution aqueuse d'acide nitrique. Les concentrations des deux solutions sont de $0{,}10\ \text{mol}\cdot\text{L}^{-1}$.

b. Tracer la courbe de variation du pH en fonction du volume V_b de la solution d'hydroxyde de sodium versé ; on donnera les valeurs du pH pour les volumes V_b du tableau ci-dessous :

V_b (mL)	0,0	10,0	19,0	20,0	21,0	25,0
pH						

c. Quelle particularité devra avoir l'indicateur coloré choisi pour déterminer l'équivalence de ce dosage ?

a. Le dosage consiste à déterminer la quantité de matière contenue dans un échantillon déterminé. Il existe un très grand nombre de types de dosages différents, tant par leurs techniques, que par les réactions parfois mises en jeu. Dans notre cas, nous avons affaire à un dosage acido-basique.

b. La réaction support du dosage correspond à la réaction entre les ions oxonium et les ions hydroxyde suivant l'équation :

$$H_3O^+ + HO^- = 2H_2O.$$

Cette réaction possédant une constante de réaction $K_R = \dfrac{1}{K_e} = \dfrac{1}{1\cdot 10^{-14}} = 1\cdot 10^{14}$, elle est considérée comme totale.

Calculons les pH pour les différents volumes V_b d'hydroxyde de sodium versé :

• 0 mL < V_b < 20,0 mL

Dans cet intervalle de volumes, les ions hydroxyde sont en défaut, et sont intégralement consommés par la réaction avec les ions oxonium. La quantité d'ions oxonium restant est donc de :

$$\begin{aligned} n_a &= (C_a V_a) - (C_b V_b) \\ \text{soit } n_a &= \left(0{,}10 \times 20{,}0\cdot 10^{-3}\right) - \left(0{,}10 \times V_b\cdot 10^{-3}\right) \\ &= 2{,}0\cdot 10^{-3} - 1{,}0\cdot 10^{-4} V_b \\ &= \left(2{,}0 - 1{,}0\cdot 10^{-1} V_b\right)\cdot 10^{-3} \end{aligned}.$$

Le volume du milieu réactionnel dans lequel sont placés ces ions oxonium vaut quant à lui :

$$\begin{aligned} V &= 20\cdot 10^{-3} + V_b\cdot 10^{-3} \\ &= (20 + V_b)\cdot 10^{-3} \end{aligned}.$$

Cela nous donne une concentration en ions oxonium de :

$$\left[H_3O^+\right] = \frac{n_a}{V} = \frac{\left(2{,}0 - 1{,}0\cdot 10^{-1} V_b\right)\cdot 10^{-3}}{(20 + V_b)\cdot 10^{-3}} = \frac{(2{,}0 - 0{,}10 V_b)}{(20 + V_b)}.$$

Grâce à la relation pH $= -\text{Log}\left[H_3O^+\right]$, nous pourrons compléter les premières valeurs du tableau.

• 20,0 mL > Vb

Au-delà de 20,0 mL d'hydroxyde de sodium versé, les ions oxonium sont maintenant en défaut, et les ions hydroxyde en excès. Ces derniers ne réagissent plus, puisqu'il n'y a plus d'ions oxonium, et ils s'accumulent dans le milieu réactionnel.

La quantité d'ions hydroxyde restant est donc de :

$$\begin{aligned} n_b &= (C_b V_b) - (C_a V_a) \\ &= \left(0{,}10 \times V_b\cdot 10^{-3}\right) - \left(0{,}10 \times 20\cdot 10^{-3}\right). \\ &= (0{,}10 \times V_b) - (2{,}0)\cdot 10^{-3} \end{aligned}$$

Le volume du milieu réactionnel dans lequel sont placés ces ions hydroxyde est toujours de :

$$\begin{aligned} V &= 20\cdot 10^{-3} + V_b\cdot 10^{-3} \\ &= (20 + V_b)\cdot 10^{-3} \end{aligned}.$$

D'où une concentration des ions hydroxyde de :

$$\left[HO^-\right] = \frac{n_b}{V} = \frac{(0{,}10 \times V_b - 2{,}0)\cdot 10^{-3}}{(20 + V_b)\cdot 10^{-3}} = \frac{(0{,}10 V_b - 2{,}0)}{(20 + V_b)}.$$

Nous pouvons en déduire la concentration des ions oxonium grâce à l'autoprotolyse de l'eau, soit :

$$K_e = \left[H_3O^+\right]\left[HO^-\right] \Rightarrow \left[H_3O^+\right] = \frac{K_e}{\left[HO^-\right]}.$$

Nous pourrons ainsi calculer le pH des valeurs suivantes du tableau.

L'ensemble des calculs de pH nous permet dès lors de remplir l'intégralité du tableau.

V_b (mL)	0,0	10,0	19,0	20,0	21,0	25,0
pH	1,0	1,5	2,6	70	11,4	12,1

Ce tableau nous permet d'obtenir les points suivants :

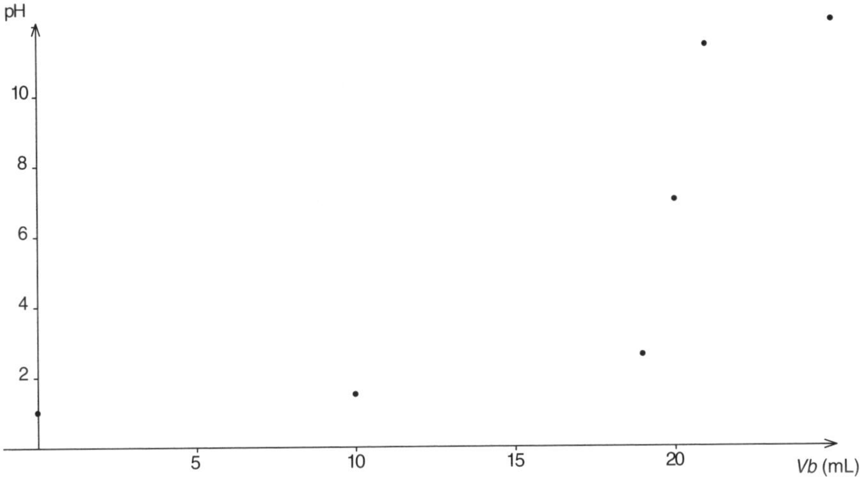

c. L'indicateur coloré devra avoir une zone de virage autour du pH à l'équivalence, c'est à dire 7.

Exercice 8.14 : Dosage de l'acide benzoïque (d'après Capes, 2004)

* * *

L'hydroxyde de sodium est un solide blanc déliquescent (qui absorbe l'eau atmosphérique et s'y dissout) très soluble dans l'eau. Ce produit présente le risque codifié R35 : provoque de graves brûlures.

L'acide benzoïque est un solide blanc peu soluble dans l'eau froide.

Le bleu de bromothymol est un indicateur coloré acido-basique qui vire du jaune au bleu quand le pH varie entre 6,0 et 7,6.

Préparation et dosage de la solution d'hydroxyde de sodium

On pèse, à l'aide d'une balance, 0,40 g d'hydroxyde de sodium solide que l'on dissout dans la quantité d'eau nécessaire à l'obtention de 500 mL d'une solution S_1.

On pèse 0,40 g d'acide benzoïque que l'on verse dans environ 100 mL d'eau. On agite pendant 15 minutes et on filtre. Le filtrat constitue la solution d'acide benzoïque notée S_2.

On dose 10,0 mL de la solution S_1 de concentration C_b par une solution d'acide chlorhydrique de concentration 0,0100 $mol \cdot L^{-1}$ en présence de bleu de bromothymol. Le virage de l'indicateur est obtenu pour un volume de solution d'acide chlorhydrique versé $V_{E1} = 18{,}3$ mL.

a. Quelles sont les précautions à prendre lors de la préparation de la solution S_1 ?

b. Écrire l'équation de la réaction de dosage de la solution S_1 par la solution d'acide chlorhydrique. Calculer la constante de réaction et conclure.

c. Écrire la relation entre les quantités de matière à l'équivalence. En déduire la concentration C_b de la solution S_1.

d. Comparer avec la valeur théorique en calculant l'écart relatif. À quoi peut-on attribuer cet écart ?

e. Le bleu de bromothymol est-il un indicateur bien adapté pour ce dosage ? Justifier et préciser le changement de couleur observé à l'équivalence.

Dosage de la solution S_2 d'acide benzoïque

On prélève 10,0 mL de la solution S_2, on ajoute 20 mL d'eau et l'on effectue le dosage par la solution d'hydroxyde de sodium S_1 de concentration C_b. On suit l'évolution du pH à l'aide d'un pHmètre et l'on obtient la courbe suivante :

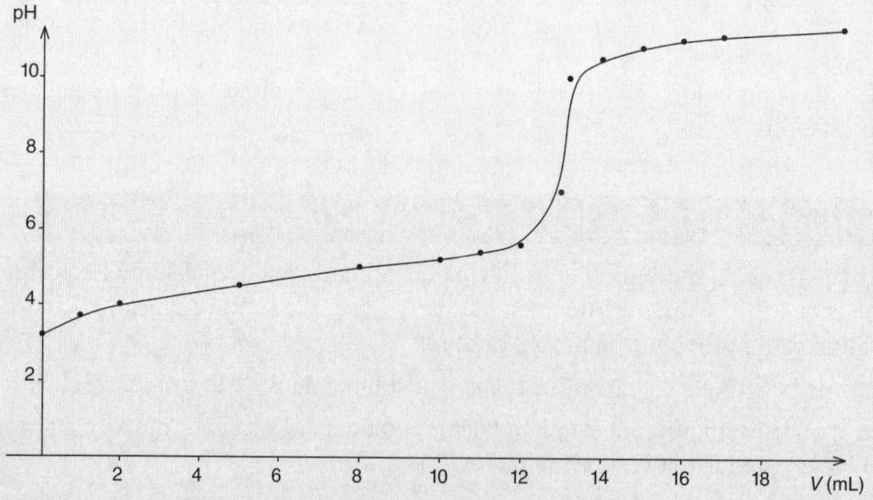

f. Écrire l'équation de la réaction de dosage de l'acide benzoïque par la solution S_1 en précisant les couples acido-basiques concernés.

g. Déterminer la constante de réaction correspondante. La réaction peut-elle être considérée comme totale ?

h. L'équivalence est obtenue pour un volume de solution S_1 versé de $V_{E2} = 12{,}8$ mL. Déterminer la concentration notée C_a de l'acide benzoïque dans la solution S_2.

i. Retrouver par le calcul la valeur du pH pour $V = 0$; V étant le volume de la solution S_1 versée.

j. Indiquer sur un axe de pH les domaines de prédominance de l'acide benzoïque et de sa base conjuguée.

On donne :

Masses molaires ($g \cdot mol^{-1}$) : C = 12 H = 1 O = 16 Na = 23.

pKa (H_2O/HO^-) = 14.

pKa ($C_6H_5COOH/C_6H_5COO^-$) = 4,2.

pKa (H_3O^+/H_2O) = 0.

a. La manipulation de l'hydroxyde de sodium solide nécessite le port d'une blouse, de gants et de lunettes de protection.

b. La réaction a lieu entre les ions hydroxyde provenant de la soude et les ions oxonium provenant de l'acide chlorhydrique :

$$H_3O^+ + HO^- = 2H_2O.$$

La constante de cet équilibre est l'inverse de la constante d'autoprotolyse de l'eau, soit :

$$K = \frac{1}{Ke} = 1 \cdot 10^{14}.$$

La valeur très importante de cette constante nous informe sur le caractère quasi total de la réaction.

c. D'après l'équation précédente, on peut écrire l'égalité des quantités de matière à l'équivalence, soit :

$$n_a = n_b \Rightarrow C_a V_a = C_b V_b.$$

La concentration C_b vaut donc :

$$C_b = \frac{C_a V_{E1}}{V_b} = \frac{0{,}0100 \times 18{,}3}{10{,}0} = 1{,}83 \cdot 10^{-2}\ \text{mol} \cdot \text{L}^{-1}.$$

d. La valeur théorique s'obtient à partir de la masse d'hydroxyde de sodium utilisée pour fabriquer la solution S1 :

$$C_b = \frac{n_b}{V_b} = \frac{m_b}{M_b V_b} = \frac{0{,}40}{40{,}0 \times 500 \cdot 10^{-3}} = 2{,}0 \cdot 10^{-2}\ \text{mol} \cdot \text{L}^{-1}.$$

L'écart relatif est donc de $\dfrac{C_{\text{théorique}} - C_{\text{exp}}}{C_{\text{théorique}}}$, soit $\dfrac{2{,}0 \cdot 10^{-2} - 1{,}83 \cdot 10^{-2}}{2{,}0 \cdot 10^{-2}} = 0{,}085$, donc 8,5 %.

Cet écart peut être dû à une absorption d'eau par les pastilles de soude (causée par l'humidité de l'air).

e. L'équivalence d'un dosage acide fort – base forte est de 7,0 (puisqu'à l'équivalence, la solution est une solution de chlorure de sodium neutre). Ce pH à l'équivalence est inclus dans la zone de virage du BBT ; cet indicateur coloré est donc adapté à ce dosage.
Le BBT sera donc bleu (milieu basique au début du dosage), puis prendra une teinte jaune à l'équivalence (milieu acide après l'équivalence).

f. La réaction de dosage à lieu entre les molécules d'acide benzoïque et les ions hydroxyde de la soude :

$$C_6H_5COOH + HO^- = C_6H_5COO^- + H_2O\,.$$

Les couples sont donc H_2O/HO^- et $C_6H_5COOH/C_6H_5COO^-$.

g. La constante de la réaction s'écrit d'après la loi d'action de masse sous la forme :

$$K_R = \frac{\left[C_6H_5COO^-\right]}{[C_6H_5COOH\,]\left[HO^-\right]} = \frac{Ka}{Ke},$$

soit une valeur de $\frac{10^{-4,2}}{10^{-14}} = 10^{9,8}$.
La réaction peut donc être considérée comme totale.

h. D'après l'équation du dosage, nous obtenons la relation entre la quantité d'acide présente et la quantité de base versée :

$$n_{\text{acide benzoique}} = n_b \Rightarrow C_a V_a = C_b V_{E2}.$$

Soit une concentration en acide benzoïque dans la solution S_2 égale à :

$$C_a = \frac{C_b V_{E2}}{V_a} = \frac{1{,}83\cdot 10^{-2} \times 12{,}8}{10{,}0} = 2{,}34\cdot 10^{-2}\ \text{mol}\cdot\text{L}^{-1}.$$

i. Il s'agit de déterminer le pH d'une solution d'acide benzoïque, considéré en première approximation comme un acide faible. Il faut cependant prendre garde au fait que l'on a ajouté pour le dosage un volume de 20 mL d'eau, ce qui modifie la concentration de l'acide benzoïque (dilution d'un facteur 3), donc la valeur du pH initial. La concentration est donc au départ du dosage de

$$\frac{2{,}34\cdot 10^{-2}}{3} = 7{,}80\cdot 10^{-3}\ \text{mol}\cdot\text{L}^{-1}.$$

Le pH d'une telle solution est donné par la relation :

$$\begin{aligned}\text{pH} &= \frac{1}{2}(pK_a - \text{Log}\,C)\\ &= \frac{1}{2}\left(4{,}2 - \text{Log}\,7{,}80\cdot 10^{-3}\right)\\ &= 3{,}2\end{aligned}$$

j. Nous vérifions bien que pour une telle valeur de pH de 3,2, c'est l'acide benzoïque qui domine par rapport à sa base conjuguée :

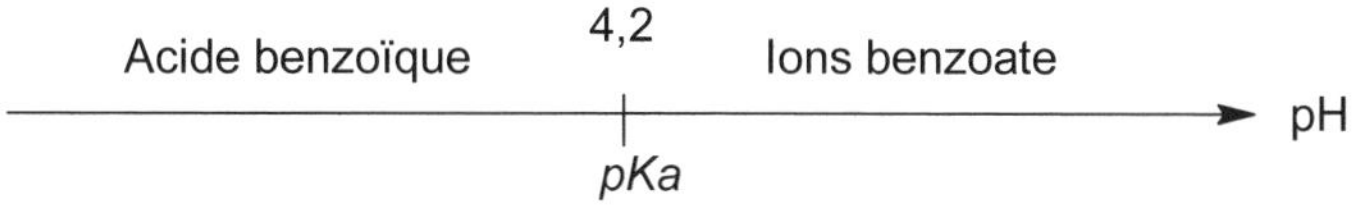

Exercice 8.15

**

Dosage d'une solution d'eau de chlore fraîche (d'après Polytechnique)

Quand on dissout du chlore dans l'eau, on observe une réaction de dismutation suivant l'équation (1) qui conduit à « l'eau de chlore » :

$$Cl_2 + 2H_2O = HClO + H_3O^+ + Cl^- \qquad (1).$$

L'acide hypochloreux est un acide faible. On peut doser une telle solution par de la soude. La courbe ci-dessous représente l'évolution du pH en fonction du volume de soude ajouté. On utilise une solution de concentration égale à 0,10 mol·L^{-1} de soude et 50,0 mL d'une solution de chlore. La température est de 20 °C. On observe deux sauts de pH pour des volumes V_1 et V_2.

a. On constate que $V_2 = 2V_1$. Justifier cette égalité.

b. Déterminer graphiquement le *pKa* de l'acide hypochloreux.

c. Quelle est la quantité de chlore dissous dans un litre d'eau pour former la solution initiale ?

d. Déterminer la concentration en chlore présent dans cette solution initiale et la fraction de chlore dismutée.

a. Nous observons que la dismutation de l'eau de chlore dans l'eau fournit des quantités égales d'ions oxonium et d'acide hypochloreux.

À la première équivalence, les ions hydroxyde ont entièrement réagi avec les ions oxonium.

À la seconde équivalence, les ions hydroxyde ont entièrement réagi avec l'acide hypochloreux.

Ces deux entités étant totalement consommées, l'équilibre de dismutation de l'eau de chlore a été déplacé dans le sens (1), mais en fournissant au final la même quantité d'ions oxonium et d'acide hypochloreux.

Il est donc logique que $V_2 = 2\ V_1$.

b. Nous savons que la seconde équivalence correspond au dosage de l'acide faible hypochloreux. Si nous nous plaçons à la demi-équivalence correspondante, nous aurons l'acide hypochloreux en quantité égale à sa base faible, ce qui nous donnera le pKa de ce couple. Étant donné que la courbe présente au total deux équivalence, la demi-équivalence correspondant à l'acide faible coïncide donc à un volume versé de soude de $\dfrac{15{,}4 + 7{,}7}{2} = 11{,}6$ mL.

Nous lisons sur la courbe un pH correspondant de l'ordre de 7,5.

c. L'introduction des ions hydroxyde dans le milieu consomme la totalité des ions oxonium, ce qui déplace totalement l'équilibre de dismutation dans le sens (1). D'après cette équation, nous en déduisons que la quantité d'ions oxonium produite est égale à la quantité de dichlore présente initialement. Et comme la quantité d'ions hydroxyde est, elle-même, égale à la quantité d'ions oxonium formés, nous en déduisons que $n_{Cl_2} = n_{HO^-}$.

Soit :

$$n_{Cl_2} = \left[HO^-\right] V_1 = 0{,}10 \times 7{,}7 \cdot 10^{-3} = 7{,}7 \cdot 10^{-4} \text{ mol.}$$

Cette quantité se trouvait dans les 50,0 mL de solution ; il a donc fallu une quantité de $1{,}54 \cdot 10^{-2}$ mol de dichlore dans un litre d'eau.

d. La concentration en chlore initiale est donc de $1{,}54 \cdot 10^{-2}$ mol·L^{-1}.

La concentration en ions oxonium initiale est égale, d'après l'équation de la dismutation, à la concentration de chlore dismuté. Cette concentration est obtenue par la lecture sur le graphique du pH initial de la solution, soit pH = 2, donc 10^{-2} mol·L^{-1}.

La fraction de chlore dismutée est donc le rapport de la concentration de chlore dismuté sur la concentration en chlore initial, soit :

$$x = \frac{10^{-2}}{1{,}54 \cdot 10^{-2}} = 0{,}65.$$

Exercice 8.16

***

Dosage pHmétrique d'une solution d'acide phosphorique (d'après chimie de laboratoire, 2004)

Données (à 25 °C)

$pK_1(H_3PO_4/H_2PO_4^-) = 2{,}1$; $pK_2(H_2PO_4^-/HPO_4^{2-}) = 7{,}2$;

$pK_3(HPO_4^{2-}/PO_4^{3-}) = 12{,}4$.

Produit ionique de l'eau à 25 °C

$pK_e = 14{,}0$.

L'acide phosphorique H_3PO_4 est un triacide. Les forces de chacune de ses acidités sont suffisamment différentes pour que l'on puisse les doser séparément. On considère une solution (S) de cet acide.

a. Placer sur un axe gradué en unité de pH de 0 à 14 les espèces prédominantes de cet acide.

b. Le pH de la solution (S) est de 2,1. Indiquer les espèces majoritaires issues de l'acide phosphorique dans (S). Justifier la réponse.

c. Donner, sans aucun calcul, le coefficient de dissociation de l'acide phosphorique dans (S).

On procède au dosage de la solution (S) par une solution d'hydroxyde de sodium (soude). On relève les valeurs du pH de la solution en fonction du volume de soude versé. La courbe de dosage comporte deux sauts de pH correspondant aux deux équivalences E_1 (V_1, pH_1) et E_2 (V_2, pH_2).

Étude de la première équivalence

d. Indiquer l'espèce majoritaire qui impose le pH à la première équivalence E_1.

e. Expliquer pourquoi cette espèce est un ampholyte en écrivant les équations de ses réactions avec l'eau.

f. Sans justifier, donner l'expression littérale du pH à la première équivalence E_1, puis calculer pH_1, valeur du pH à l'équivalence E_1.

Étude de la seconde équivalence

g. Écrire l'équation de la réaction de dosage entre E_1 et E_2.

h. Calculer la constante K_R de cette réaction. Commenter le résultat.

i. Indiquer l'espèce majoritaire qui impose le pH à la seconde équivalence E_2.

j. Sans justifier, donner l'expression littérale du pH à la seconde équivalence E_2, puis calculer pH_2, valeur du pH à l'équivalence E_2.

Étude de la réaction de dosage après la seconde équivalence

k. Écrire l'équation de la réaction de dosage après la seconde équivalence.

l. Calculer la constante K_R de cette réaction. Commenter le résultat.

m. Indiquer quelle est la conséquence de ce résultat sur la courbe tracée.

a. Nous savons que lorsque le pH est inférieur au *pKa* du couple, c'est la forme acide du couple qui domine ; au dessus du *pKa*, c'est la forme basique qui domine. Avec les trois valeurs de *pKa* fournies dans l'énoncé, nous pouvons tracer le diagramme suivant :

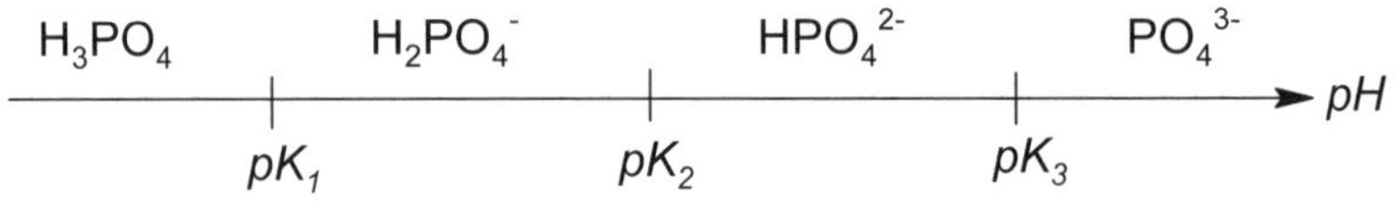

b. Le pH de la solution (S) est égal au pK_1 ; Les deux espèces prépondérantes dans la solution (S) sont donc H_3PO_4 et $H_2PO_4^-$. Ces dernières sont d'ailleurs en quantité égale.

c. Puisque les deux espèces sont en quantité égale, nous pouvons en déduire en première approximation que le coefficient de dissociation est de 50%.

d. L'espèce majoritaire à la première équivalence correspond aux ions $H_2PO_4^-$.

e. Cette espèce est un ampholyte car elle est l'acide d'un couple et la base d'un autre couple. Les équations correspondantes sont les suivantes :

$$H_2PO_4^- + H_2O = HPO_4^{2-} + H_3O^+$$

$$H_3PO_4 + H_2O = H_2PO_4^- + H_3O^+$$

f. La première équivalence E_1 se situe entre pK_1et pK_2. Sa valeur se donne donc par l'expression suivante :

$$pH_1 = \frac{1}{2}(pK_1 + pK_2) = \frac{1}{2}(2{,}1 + 7{,}2) = 4{,}7$$

g. Entre E_1 et E_2, on dose les ions $H_2PO_4^-$ par les ions hydroxyde provenant de la soude. L'équation de dosage est donc la suivante :

$$H_2PO_4^- + HO^- = HPO_4^{2-} + H_2O$$

h. La constante de cette réaction s'écrit d'après la loi d'action de masse :

$$K_R = \frac{[HPO_4^{2-}]}{[H_2PO_4^-]\,[HO^-]}$$

Or, la constante du second équilibre acido-basique K_2 s'écrit :

$$K_2 = \frac{[HPO_4^{2-}]\,[H_3O^+]}{[H_2PO_4^-]}$$

Nous voyons donc que $K_R = \frac{K_2}{K_e} = \frac{10^{-7,2}}{10^{-14,0}} = 6{,}31 \cdot 10^6$. Cette valeur très importante nous indique que la réaction est totale ; cette réaction peut donc bien servir de support à un dosage.

i. À la deuxième équivalence, l'espèce majoritaire correspond aux ions HPO_4^{2-}.

j. La deuxième équivalence E_2 se situe entre pK_2 et pK_3. Sa valeur se donne donc par l'expression suivante :

$$pH_2 = \frac{1}{2}(pK_2 + pK_3) = \frac{1}{2}(7{,}2 + 12{,}4) = 9{,}8$$

k. Entre E_2 et E_3, on dose les ions $HPO_4{}^{2-}$ par les ions hydroxyde provenant de la soude. L'équation de dosage est donc la suivante :

$$HPO_4^{2-} + HO^- = PO_4^{3-} + H_2O$$

l. La constante de cette réaction s'écrit d'après la loi d'action de masse :

$$K_R = \frac{[PO_4^{3-}]}{[HPO_4^{2-}]\,[HO^-]}$$

Or, la constante du troisième équilibre acido-basique K_3 s'écrit :

$$K_3 = \frac{[PO_4^{3-}]\,[H_3O^+]}{[HPO_4^{2-}]}$$

Nous voyons donc que $K_R = \frac{K_3}{K_e} = \frac{10^{-12,4}}{10^{-14,0}} = 39{,}8$.

Cette valeur est relativement faible ; la réaction n'est donc pas totale.

m. Cette réaction ne peut donc pas servir de support à un dosage : la troisième acidité ne pourra donc pas être déterminée par ce dosage pHmétrique. Le saut de pH ne sera pas suffisamment marqué pour être interprété.

Exercice 8.17

** **Dosage conductimétrique de l'acide chlorhydrique par une solution d'ammoniac (d'après Capes)**

Une solution d'ammoniac de concentration $0{,}100\ mol{\cdot}L^{-1}$ sert à doser par conductimétrie une solution d'acide chlorhydrique. Une prise d'essai de volume $V = 50{,}00$ mL d'acide est introduite dans un bécher. On ajoute 150 mL d'eau distillée. On plonge dans la solution la cellule conductimétrique, reliée par ailleurs au conductimètre. On verse peu à peu la solution d'ammoniac dans le bécher.

a. Donner, sans calcul mais en justifiant vos affirmations, l'allure de la courbe représentant la conductance G en fonction de volume Vb de la solution d'ammoniac versée.

b. On trouve un volume équivalent $V\text{éq} = 18{,}75$ mL. Quelle est la concentration de l'acide chlorhydrique ?

c. Quel serait le pH de la solution contenue dans le bécher si l'on avait arrêté le dosage exactement au point équivalent ?

Données

Conductivités molaires ioniques λ ($S \cdot m^2 \cdot mol^{-1}$) $H_3O^+ = 349{,}8 \cdot 10^{-4}$

$NH_4^+ = 73{,}4 \cdot 10^{-4}$

pKa ammoniac/ions ammonium = 9,28.

a. Écrivons tout d'abord l'équation de la réaction ayant lieu lors du titrage de l'acide chlorhydrique par l'ammoniac :

$$H_3O^+ + Cl^- + NH_3 = H_2O + Cl^- + NH_4^+.$$

Pour donner l'allure de la courbe correspondant au suivi pHmétrique de cette réaction, nous allons envisager deux phases, avant et après l'équivalence.

Avant l'équivalence

Les ions oxonium sont consommés par l'ammoniac, ce qui produit des ions ammonium ; une espèce chargée positivement est donc remplacée par une espèce chargée négativement. Seulement, la conductivité molaire ionique des ions oxonium est la plus élevée de tous les ions, nettement supérieure à celle des ions ammonium. La conductivité générale de la solution va donc baisser. Nous aurons alors une droite décroissante.

Après l'équivalence

Il n'y a plus d'ajout, ni de production d'espèces chargées. Cependant, la conductivité va très légèrement augmenter car les molécules d'ammoniac réagiront avec l'eau suivant un équilibre acido-basique. La pente de la droite sera très légèrement croissante.

La courbe aura donc l'aspect suivant :

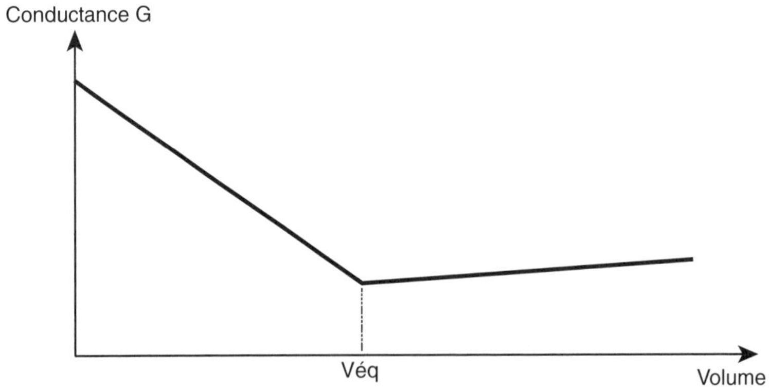

b. À l'équivalence, d'après l'équation de la réaction, la quantité d'ammoniac versée est égale à la quantité d'ions oxonium présents initialement dans le bécher.

Nous pouvons donc écrire que :

$$n_{H_3O^+ \text{iinitial}} = n_{NH_3 \text{versé}}, \quad \text{soit} \quad C_A V_A = C_B V_{\text{éq}}.$$

Nous en déduisons donc la concentration en acide initiale :

$$C_A = \frac{C_B V_{\text{éq}}}{V_A} = \frac{0{,}100 \times 18{,}75}{50{,}00} = 3{,}75 \cdot 10^{-2}\ \text{mol} \cdot \text{L}^{-1}.$$

c. À l'équivalence, la solution a la composition d'une solution de chlorure d'ammonium.

Postulons que les ions ammonium se comportent comme un acide faible. Le pH est alors donné par la relation :

$$\text{pH} = \frac{1}{2}(pK_a - \text{Log}\, C).$$

Cependant, il ne faut pas oublier que l'on a ajouté dans la solution initiale 150 mL d'eau, mais également que cette solution étant obtenue au point équivalent, il y a eu ajout de 18,75 mL d'ammoniac. Le volume total au point équivalent est donc de (150 + 50 + 18,75) = 218,75 mL.

La quantité d'ions ammonium dans ce volume est égale à la quantité d'ions oxonium initiale, soit $0{,}100 \times 18{,}75 \cdot 10^{-3} = 18{,}75 \cdot 10^{-4}$ mol.

La concentration des ions ammonium au point équivalent est donc de :

$$C = \frac{18{,}75 \cdot 10^{-4}}{218{,}75 \cdot 10^{-3}} = 8{,}57 \cdot 10^{-3}\ \text{mol} \cdot \text{L}^{-1}.$$

Ce qui nous donne pour le pH :

$$\begin{aligned} \text{pH} &= \frac{1}{2}\left(9{,}28 - \text{Log}\, 8{,}57 \cdot 10^{-3}\right) \\ &= 5{,}67 \end{aligned}.$$

Équilibres de complexation 9

Ce qu'il faut savoir

Qu'est ce qu'un complexe ?

Un complexe est formé par un atome ou un ion central appelé l'accepteur, auquel sont liées des entités appelées ligand. Ces ligands se lient par coordination en plaçant un doublet dans une case quantique libre de cet atome central.

Ces ligands peuvent être des molécules ou des ions, et plusieurs de ces ligands peuvent se lier au même atome central.

Quel est l'équilibre dit de complexation ?

L'équilibre de complexation lie l'accepteur et le ligand suivant l'équation :

$$A + L = C$$

dans le cas de la liaison d'un seul ligand.

Ce qui permet de donner l'expression d'une constante d'équilibre portant le nom de constante de formation K_f :

$$K_f = \frac{[C]}{[A]\,[L]}.$$

On peut évidemment définir une constante de dissociation qui est l'inverse de la précédente :

$$K_D = \frac{1}{K_f}.$$

Peut-on faire une comparaison avec les couples acido-basique ?

On peut aisément comparer l'expression du K_D avec celle du Ka d'un couple acido-basique.

$$C = A{+}L, \text{ soit } K_D = \frac{[A]\,[L]}{[C]}, \text{ donc } [L] = K_D\frac{[C]}{[A]} \Rightarrow pL = pK_D{+}\mathrm{Log}\,\frac{[A]}{[C]}.$$

Tout comme le pKa d'un couple acido-basique, le pK_D d'un couple accepteur/ligand caractérise ce couple.

De même, si l'on gradue un axe en fonction de pL, et que l'on place sur celui-ci la valeur du pK_D du couple, nous pourrons déterminer les domaines de prédominance de l'accepteur ou du complexe :

$pL < pK_D$, la forme complexe du couple domine ;

$pL > pK_D$, la forme accepteur du couple domine.

Comment traite-on le cas des complexes successifs ?

Tout comme pour les acides, certains accepteurs peuvent se lier successivement à plusieurs ligands. On peut alors définir plusieurs K_D successifs correspondant chacun à un couple accepteur/ligand.

Prenons le cas d'un complexe AL_n pouvant perdre successivement ses n ligands, et former ainsi les complexes AL_{n-1}, AL_{n-2}... jusqu'à redonner A sans ligand.

Les différentes constantes de dissociation des complexes successifs s'écrivent donc :

$$K_n = \frac{\left[AL_{n-1}\right][L]}{[AL_n]} \quad \text{pour la réaction } AL_n = AL_{n-1} + L$$

$$K_{n-1} = \frac{\left[AL_{n-2}\right][L]}{\left[AL_{n-1}\right]} \quad \text{pour la réaction } AL_{n-1} = AL_{n-2} + L$$

$$\ldots$$

$$K_1 = \frac{[A][L]}{[AL]} \quad \text{pour la réaction } AL = A + L.$$

Il arrive cependant fréquemment que l'on préfère travailler avec la constante globale de formation du complexe β_n définie par :

$$A + nL = AL_n \quad \text{avec} \quad \beta_n = \frac{[AL_n]}{[A][L]^n}.$$

Remarque

Parfois, dans certains énoncés, les auteurs définissent des constantes successives de formation β, ou des constantes de dissociation globales K_D. Il faut donc faire très attention aux équilibres associés aux constantes et à leur définition dans ces exercices.

Exercice 9.1 : Complexe du cuivre

* L'ion cuivrique Cu^{2+} donne avec la molécule d'ammoniac NH_3 un complexe tétracoordonné.

a. Écrire la formule et donner le nom de ce complexe.
La constante de dissociation de ce complexe est de $1 \cdot 10^{-12}$ à 25 °C.

b. Calculer rapidement la concentration en ions cuivriques restant dans une solution qui en contenait initialement $5{,}0 \cdot 10^{-3}$ mol·L^{-1} et à laquelle on a ajouté 1,0 mol d'ammoniac.

a. Le complexe aura pour formule $\left[Cu\,(NH_3)_4\right]^{2+}$ et pour nom l'ion tétraaminecuivre (II).

b. La constante de dissociation du complexe est liée à l'équilibre suivant :

$$\left[Cu\,(NH_3)_4\right]^{2+} = Cu^{2+} + 4NH_3.$$

La valeur très faible de la constante de dissociation nous indique que ce complexe est très stable, donc que la concentration résiduelle en ions cuivre (II) doit être infime.

- Si nous posons que tous les ions cuivre sont complexés, la concentration du complexe est alors de $5{,}0\cdot 10^{-3}$ mol·L^{-1}.
- Pour l'ammoniac, la concentration résiduelle est donc, d'après l'équilibre de complexation, égale à $[NH_3] = 1{,}0 - (4 \times 5{,}0\cdot 10^{-3}) = 9{,}8\cdot 10^{-1}$ mol·L^{-1}.

L'expression de la constante de dissociation est : $K_D = \dfrac{\left[Cu^{2+}\right][NH_3]^4}{\left[Cu\,(NH_3)_4\right]^{2+}}$.

Nous en déduisons l'expression, puis la valeur, de la concentration résiduelle en ions cuivre (II) :

$$\left[Cu^{2+}\right] = \frac{K_D\left[Cu\,(NH_3)_4\right]^{2+}}{[NH_3]^4} = \frac{1\cdot 10^{-12} \times 5{,}0\cdot 10^{-3}}{\left(9{,}8\cdot 10^{-1}\right)^4} = 5{,}4\cdot 10^{-15}\ \text{mol}\cdot\text{L}^{-1}.$$

Exercice 9.2 : Complexes du chrome

* Le chrome peut former plusieurs complexes. Il peut ainsi former avec l'eau le complexe de formule $[Cr(H_2O)_6]^{3+}$ et avec les ions hydroxydes en milieu basique le complexe de formule $[Cr(OH)_4]^-$.

a. Donner le nom et la géométrie du complexe $[Cr(H_2O)_6]^{3+}$.

b. Même question pour le complexe $[Cr(OH)_4]^-$.

a. Le complexe de formule $[Cr(H_2O)_6]^{3+}$ porte le nom d'ion hexaaquachrome (III). Le chrome entouré de six ligands est donc au centre d'une bipyramide à base carrée :

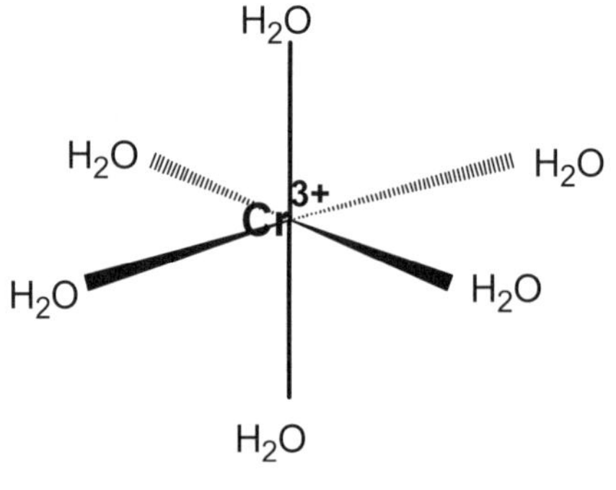

b. Le complexe de formule $[Cr(OH)_4]^-$ porte le nom d'ion tétrahydroxochromate (III).

Le chrome entouré de quatre ligands est donc au centre d'un tétraèdre :

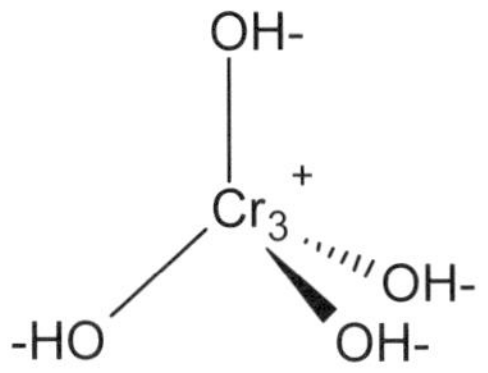

Exercice 9.3 : Méthode de Charpentier-Volhard (d'après Capes)

**

L'ion thiocyanate est utilisé comme réactif d'identification du Fer (III) en solution aqueuse. Il se forme l'ion complexe $FeSCN^{2+}$, dont la constante de dissociation K_D vaut $1 \cdot 10^{-2}$, fortement coloré en rouge. Sa coloration est perceptible pour une concentration égale ou supérieure à $1{,}0 \cdot 10^{-5}$ mol·L^{-1}.

On considère une solution à $1{,}0 \cdot 10^{-2}$ mol·L^{-1} de thiocyanate de potassium à laquelle on ajoute des traces de sel ferrique.

Pour quelle concentration en ions fer (III) la coloration rouge devient-elle visible ? Conclusion.

D'après l'énoncé, la coloration rouge est perceptible à partir d'une concentration en complexe de $1{,}0 \cdot 10^{-5}$ mol·L^{-1}, donc $[FeSCN^{2+}] = 1{,}0 \cdot 10^{-5}$ mol·L^{-1}.

Les ions thiocyanates, dans le milieu réactionnel, sont soit sous la forme complexée, soit à l'état libre dans la solution. Nous pouvons donc écrire :

$$[SCN^-]_i = [FeSCN^{2+}] + [SCN^-] \Rightarrow [SCN^-] = [SCN^-]_i - [FeSCN^{2+}].$$

Ce qui nous donne une concentration résiduelle en ions thiocyanate de :

$$\begin{aligned}[SCN^-] &= 1{,}0 \cdot 10^{-2} - 1{,}0 \cdot 10^{-5} \\ &= 1{,}0 \cdot 10^{-2} \text{ mol·L}^{-1}.\end{aligned}$$

L'expression de la constante de dissociation étant de la forme :

$$K_D = \frac{[Fe^{3+}]\,[SCN^-]}{[FeSCN^{2+}]},$$

nous obtenons finalement la concentration en ions fer (III) :

$$[Fe^{3+}] = \frac{K_D\,[FeSCN^{2+}]}{[SCN^-]} = \frac{1 \cdot 10^{-2} \times 1{,}0 \cdot 10^{-5}}{1{,}0 \cdot 10^{-2}} = 1{,}0 \cdot 10^{-5} \text{ mol·L}^{-1}.$$

La coloration rouge apparaît donc pour une concentration en ions fer (III) très petite, ce qui fait de cette méthode une méthode très sensible de détection de ces ions.

Exercice 9.4

*
* **Déterminer la stœchiométrie et la constante globale de formation β_n du complexe $Ag(NH_3)_n^+$ en solution aqueuse (d'après Agrégation)**

On considère les solutions S_i ($i = 0, 1, 2, 3$) préparées de la manière suivante : dans une fiole jaugée de 100,0 mL, on place un volume $V_0 = 20,0$ mL d'une solution de nitrate d'argent à $C_0 = 1{,}0 \cdot 10^{-2}$ mol·L^{-1} et un volume V_i (en mL) d'une solution d'ammoniac à $C_i = 1{,}00$ mol·L^{-1}, puis on complète au trait de jauge avec de l'eau distillée.

Solution	S_0	S_1	S_2	S_3
V_0 (mL)	20			
V_i (mL)	0	20	40	60

a. Écrire l'équation bilan de la réaction globale de formation des complexes $Ag(NH_3)_n^+$ dans la solution S_i.

b. Donner l'expression de la constante globale de stabilité de ces complexes.

c. Donner en fonction de V_i et n l'expression des concentrations à l'équilibre $[Ag(NH_3)_n^+]_{éq}$ et $[NH_3]_{éq}$. On considérera que c'est le complexe de valeur n la plus élevée qui se forme majoritairement. Quel est l'intérêt d'utiliser une solution d'ammoniac concentrée ?

d. En déduire la concentration en complexe.

a. La réaction associée à la formation des complexes successifs de l'ion argent et de l'ammoniac s'écrit :

$$Ag^+ + nNH_3 = Ag(NH_3)_n^+.$$

b. L'expression de la constante globale est de la forme :

$$\beta_n = \frac{[Ag(NH_3)^+]}{[Ag][NH_3]^n}.$$

c. Dressons le tableau d'avancement de ces équilibres :

	Ag^+ +	$n\,NH_3$ =	$Ag(NH_3)_n^+$
EI	$C_0V_0 = 2{,}0 10^{-4}$	$C_iV_i = V_i$	0
Temps t	$C_0V_0 - x$	$V_i - nx$	x
E équilibre	$C_0V_0 - x_{éq}$	$V_i - nx_{éq}$	$x_{éq}$

Sachant que toutes les solutions ont été fabriquées dans une fiole jaugée de $V = 100,0$ mL, nous pouvons donner les expressions des différentes concentrations :

- $[NH_3]_{éq} = \dfrac{V_i - nx_{éq}}{V}$.
- $\left[Ag(NH_3)_n^+\right]_{éq} = \dfrac{x_{éq}}{V}$.

d. Lorsque l'on observe les valeurs de V_i et de C_i, on prévoit que l'ammoniac sera en large excès par rapport aux ions argent (d'où l'intérêt d'utiliser une solution d'ammoniac concentrée). Nous pouvons postuler que l'équilibre sera fortement déplacé dans le sens (1).

De plus, l'énoncé nous précise que c'est le complexe correspondant à la valeur de n la plus élevée qui se forme de manière prépondérante. L'ensemble de ces informations permet de dire que $x_{éq} = 2{,}0\,10^{-4}$ mol. Nous pouvons donc calculer la concentration en complexe :

$$\left[\mathrm{Ag\,(NH_3)}_n^+\right]_{\text{éq}} = \frac{x_{\text{éq}}}{V} = \frac{2{,}0\cdot 10^{-4}}{100{,}0\cdot 10^{-3}} = 2{,}0\cdot 10^{-3}\ \mathrm{mol\cdot L^{-1}}$$

Exercice 9.5

**

Complexation des ions magnésium en solution (d'après Capes)

Les ions magnésium Mg^{2+} réagissent en solution aqueuse avec l'EDTA (acide éthylène diamine tétracétique), noté par la suite H_4Y($pK_{a1} = 2{,}0$; $pK_{a2} = 2{,}7$; $pK_{a3} = 6{,}1$; $pK_{a4} = 10{,}2$) pour donner un complexe stable MgY^{2-} incolore.

a. Donner le domaine de prédominance des différentes formes de H_4Y en fonction du pH.

Pour éviter les problèmes de pH, on se place dans une solution tamponnée à $pH = 11,5$.

b. Écrire l'équation de la réaction de formation de MgY^{2-}.

c. Donner l'expression de la constante de formation du complexe que l'on notera β_{Mg}.

d. On donne ci-dessous les pourcentages des espèces contenant le magnésium en fonction de $pY = -\mathrm{Log}(Y^{4-})$. Identifier les deux espèces sur le graphe (annexe 1).

e. Déterminer graphiquement β_{Mg}.

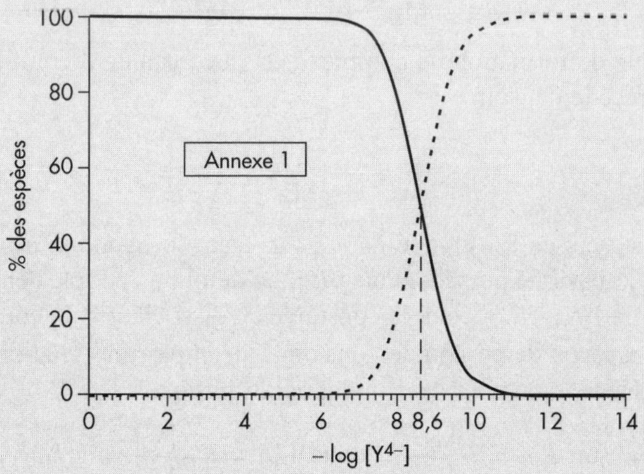

L'annexe 2 représente le dosage obtenu par simulation d'un volume V = 10,0 mL d'une solution contenant des ions Mg^{2+} par une solution contenant des ions Y^{4-} à la concentration $C = 0{,}10\ \text{mol}\cdot\text{L}^{-1}$.

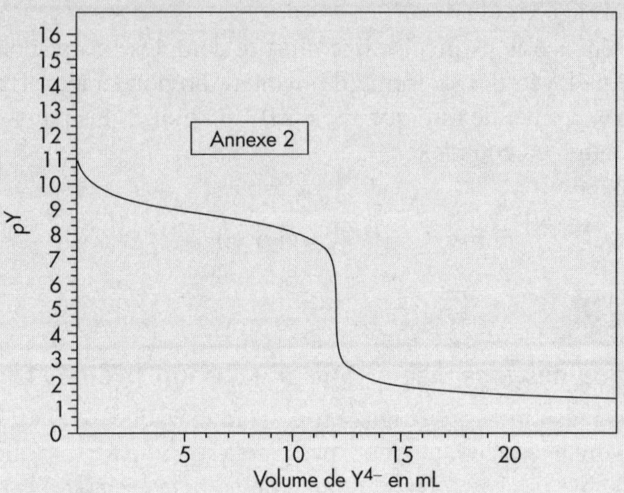

f. Quels sont les points remarquables de la courbe ? Quelles valeurs peut-on en déduire ?

a. Pour un couple acido-basique, nous savons que le forme acide du couple domine à un pH $< pKa$ du couple, et que la forme basique domine à un pH $> pKa$. Nous pouvons donc tracer le diagramme de prédominance suivant :

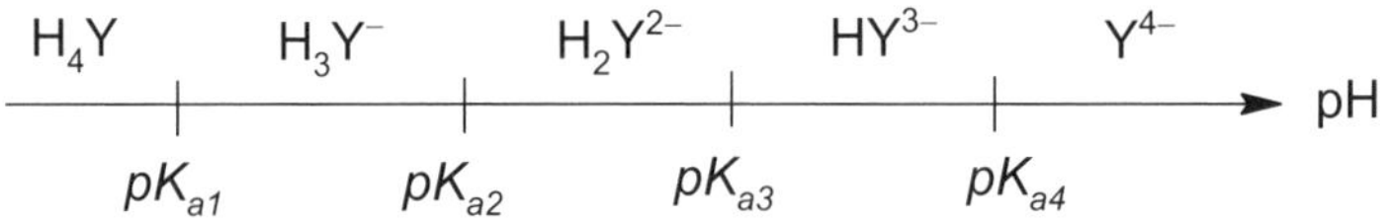

b. Le complexe se forme par réaction entre les ions magnésium et l'EDTA sous la forme Y^{4-}, puisqu'à un pH de 11,5, c'est la forme dominante.

$$Mg^{2+} + Y^{4-} = MgY^{2-}.$$

c. La constante de formation de complexe est la constante d'équilibre associée à la réaction précédente, soit :

$$\beta_{\text{Mg}} = \frac{\left[\text{MgY}^{2-}\right]}{\left[\text{Mg}^{2+}\right]\left[\text{Y}^{4-}\right]}.$$

d. L'axe des abscisses est gradué en pY ; Y étant le ligand. Par analogie avec un couple acido-basique possédant un pK_a, on définit un couple complexe/accepteur possédant un pK_D ; K_D étant la constante de dissociation du complexe.

Les deux espèces de ce couple sont donc liées par une relation semblable à la relation d'Henderson pour les couples acido-basiques.

$$C = A + L,\ \text{soit } K_D = \frac{[A][L]}{[C]},\ \text{donc } [L] = K_D\frac{[C]}{[A]} \Rightarrow pL = pK_D + \text{Log}\,\frac{[A]}{[C]}.$$

Où C, A et L désignent respectivement le complexe, l'accepteur et le ligand.
Donc si l'on se situe à $pL < pK_D$, la forme complexe du couple domine. Si l'on se situe au contraire à $pL > pK_D$, c'est la forme accepteur du couple qui domine.
Donc nous pouvons dire que pour pY faible, c'est le complexe qui domine, soit MgY^{2-}. Pour pY élevé, c'est la forme accepteur qui domine, soit Mg^{2+}.
La courbe en trait plein représente les ions magnésium ; la courbe en pointillés le complexe.

e. D'après ce que nous venons de dire, nous déduisons que lorsque les concentrations en accepteur et en complexe sont égales, la valeur de pY est égale au pK_D du couple complexe/accepteur. Donc $pK_D = 8{,}6$, soit $K_D = 10^{-8,6}$.
Comme K_D est l'inverse de la constante de formation, nous en déduisons que :

$$\beta_{Mg} = \frac{1}{K_D} = \frac{1}{10^{-8,6}} = 3{,}98 \cdot 10^8.$$

f. Nous remarquons un saut de « pY » qui correspond à l'équivalence du dosage : à ce point, il y a égalité entre la quantité de ligand Y^{4-} versé et la quantité d'ions magnésium présents initialement. L'équivalence est obtenue, d'après lecture sur le graphique, pour un volume versé de 12,0 mL.
Comme pour les couples acido-basiques, la demi-équivalence permet de trouver le pK_D du couple, puisque nous avons égalité des concentrations de l'accepteur et du ligand. La demi-équivalence est donc obtenue pour un volume de 6,0 mL, volume auquel correspond une valeur de pY d'environ 8,5.
Nous retrouvons bien la valeur précédemment obtenue pour pK_D.

Exercice 9.6

***

Rôle de l'EDTA dans les nouvelles générations de lessive (d'après Capes)

Pour remplacer les polyphosphates dans les lessives, l'EDTA est maintenant utilisé sous la forme de son tétraanion, noté Y^{4-}. L'EDTA va complexer les ions métalliques présents.

On se propose de comparer l'action du polyphosphate et de l'EDTA sur des cations métalliques.

Soit l'équilibre de formation du complexe ML^{2+} à partir d'un ion métallique M^{2+} et d'un ligand L. On définit K_f, constante de formation du complexe comme la constante de l'équilibre :

$$M^{2+} + L = ML^{2+}.$$

Nous donnons ci-dessous le tableau de valeurs à 298 K.

Log K_f	$P_3O_{10}^{5-}$	EDTA
Ca^{2+}	6,9	10,7

a. Écrire les réactions de formation des complexes entre l'ion calcium et l'EDTA, et entre l'ion calcium et le polyphosphate.

b. Donner l'expression de la constante de formation en fonction des concentrations des espèces en solution dans les deux cas précédents.
c. Une eau dite « dure » contient $4{,}0\cdot10^{-3}$ mol·L^{-1} d'ions calcium. Quel pourcentage de calcium reste en solution en présence d'EDTA à 0,010 mol·L^{-1} ?
d. Dans les mêmes conditions, quel pourcentage de calcium reste en solution en présence de polyphosphate à 0,010 mol·L^{-1} ?
e. Comparer l'efficacité des deux ligands.

a. Les équations de formation des complexes sont les suivantes :
Avec l'EDTA sous forme Y^{4-} :

$$Ca^{2+} + Y^{4-} = CaY^{2-}.$$

Avec les polyphosphates :

$$Ca^{2+} + P_3O_{10}^{5-} = CaP_3O_{10}^{3-}.$$

b. Les constantes de formation associées à ces équilibres sont donc :

$$K_{f(\mathrm{EDTA})} = \frac{[CaY^{2-}]}{[Ca^{2+}]\,[Y^{4-}]} \text{ et } K_{f(\mathrm{PP})} = \frac{[CaP_3O_{10}^{3-}]}{[Ca^{2+}]\,[P_3O_{10}^{5-}]}.$$

c. La valeur de la constante de formation entre les ions calcium et l'EDTA nous indique que la réaction peut être considérée comme quasi totale. Dressons alors le tableau d'avancement correspondant à la formation du complexe entre les ions calcium et l'EDTA.

	Ca^{2+} +	Y^{4-} =	CaY^{2-}
EI	$4{,}0\cdot10^{-3}$	$1{,}0\cdot10^{-2}$	0
E équilibre	$4{,}0\cdot10^{-3} - x = \varepsilon$	$1{,}0\cdot10^{-2} - x$ $= 1{,}0\cdot10^{-2} - 4{,}0\cdot10^{-3}$	$x = 4{,}0\cdot10^{-3}$

Où ε représente les « traces » d'ions calcium restantes.
Nous pouvons replacer les différentes valeurs de concentration dans l'expression de la constante de formation dont l'énoncé nous donne la valeur ($10^{10,7}$) :

$$K_{f(\mathrm{EDTA})} = \frac{[CaY^{2-}]}{[Ca^{2+}]\,[Y^{4-}]} = \frac{4{,}0\cdot10^{-3}}{\varepsilon\left(1{,}0\cdot10^{-2} - 4{,}0\cdot10^{-3}\right)} = 10^{10,7}.$$

Nous pouvons donc en déduire ε, soit la concentration en ions calcium :

$$\varepsilon = \frac{4{,}0\cdot10^{-3}}{10^{10,7}\left(1{,}0\cdot10^{-2} - 4{,}0\cdot10^{-3}\right)} = 1{,}3\cdot10^{-11}\ \mathrm{mol\cdot L^{-1}}.$$

Le pourcentage d'ions calcium en solution vaut donc :

$$\frac{\varepsilon}{[Ca^{2+}]_0}100 = \frac{1{,}3\cdot10^{-11}}{4{,}0\cdot10^{-3}}100 = 3{,}3\cdot10^{-7}\ \%.$$

Il ne reste donc que $3{,}3\cdot10^{-7}$ % des ions calcium en solution.

d. Raisonnons de la même manière dans le la réaction entre les ions calcium et les ions polyphosphates.

	Ca^{2+}	+ $P_3O_{10}^{5-}$	= $CaP_3O_{10}^{3-}$
EI	$4{,}0\cdot 10^{-3}$	$1{,}0\cdot 10^{-2}$	0
E équilibre	$4{,}0\cdot 10^{-3} - x = \varepsilon$	$1{,}0\cdot 10^{-2} - x$ $= 1{,}0\cdot 10^{-2} - 4{,}0\cdot 10^{-3}$	$x = 4{,}0\cdot 10^{-3}$

L'énoncé nous donne la valeur de la constante de formation de ce complexe ($10^{6,9}$) :

$$K_{f(\mathrm{PP})} = \frac{[CaP_3O_{10}^{3-}]}{[Ca^{2+}]\,[P_3O_{10}^{5-}]} = \frac{4{,}0\cdot 10^{-3}}{\varepsilon\left(1{,}0\cdot 10^{-2} - 4{,}0\cdot 10^{-3}\right)} = 10^{6,9}.$$

La valeur de ε est :

$$\varepsilon = \frac{4{,}0\cdot 10^{-3}}{10^{6,9}\left(1{,}0\cdot 10^{-2} - 4{,}0\cdot 10^{-3}\right)} = 8{,}4\cdot 10^{-8}\ \mathrm{mol\cdot L^{-1}}.$$

Le pourcentage d'ions calcium en solution vaut :

$$\frac{\varepsilon}{[Ca^{2+}]_0}100 = \frac{8{,}4\cdot 10^{-8}}{4{,}0\cdot 10^{-3}}100 = 2{,}1\cdot 10^{-3}\ \%.$$

Il ne reste donc que $2,1\cdot 10^{-3}$ % des ions calcium en solution.

e. Nous observons que l'EDTA est un ligand beaucoup plus efficace que les ions polyphosphates. Pour la même efficacité, sa concentration dans les lessives sera beaucoup moins importante.

Exercice 9.7 : Complexes successifs du mercure (d'après Centrale)

**

Les ions mercure Hg^{2+} forment trois complexes solubles avec les ions thiocyanates SCN^-.

On donne ci-dessous les formules des trois complexes successifs, ainsi que les valeurs des constantes globales de formation :

$$\begin{array}{lll} Hg\ (SCN)_2 & \text{avec} & \mathrm{Log}\,\beta_2 = 16{,}10 \\ Hg\ (SCN)_3^- & \text{avec} & \mathrm{Log}\,\beta_3 = 19{,}00 \\ Hg\ (SCN)_4^{2-} & \text{avec} & \mathrm{Log}\,\beta_4 = 20{,}90. \end{array}$$

Les constantes globales de formation β étant définies par la relation :

$$\beta_n = \frac{[Hg\ (SCN)_n^{n-2}]}{[Hg^{2+}]\,[SCN^-]^n} \text{ liée à l'équilibre } Hg^{2+} + nSCN^- = Hg\,(SCN)_n^{n-2}.$$

Tracer sur un axe en pSCN les domaines de prédominance des différents complexes du mercure (II).

D'après la définition des constantes de formation β_n, nous allons devoir déterminer les expressions, et donc les valeurs, des constantes de dissociation successives de chaque complexe.

$$Hg(SCN)_2 = Hg^{2+} + 2SCN^- \quad \text{avec} \quad K_{D2} = \frac{[Hg^{2+}][SCN^-]^2}{[Hg(SCN)_2]} = \frac{1}{\beta_2}$$

$$Hg(SCN)_3^- = Hg(SCN)_2 + SCN^- \quad \text{avec} \quad K_{D3} = \frac{[Hg(SCN)_2][SCN^-]}{[Hg(SCN)_3^-]} = \frac{\beta_2}{\beta_3}$$

$$Hg(SCN)_4^{2-} = Hg(SCN)_3^- + SCN^- \quad \text{avec} \quad K_{D4} = \frac{[Hg(SCN)_3^-][SCN^-]}{[Hg(SCN)_4^{2-}]} = \frac{\beta_3}{\beta_4}.$$

Nous pouvons donner les pK_D de chaque couple accepteur/ligand, qui, par analogie avec les couples acido-basique, nous permettront de connaître le domaine de prédominance de l'accepteur ou du ligand :

$$C = A + L, \text{ soit } K_D = \frac{[A][L]}{[C]}, \text{ donc } [L] = K_D\frac{[C]}{[A]} \Rightarrow pL = pK_D + \text{Log}\,\frac{[A]}{[C]}.$$

Où C, A et L désignent respectivement le complexe, l'accepteur et le ligand.

L'accepteur est ici l'ion mercure, et le ligand l'ion thiocyanate.

– Si l'on se situe à $pL < pK_D$, la forme complexe du couple domine.

– Si l'on se situe, au contraire, à $pL > pK_D$, c'est la forme accepteur du couple qui domine.

Avec $pK_{D2} = 16{,}1 pK_{D3} = 2{,}9 pK_{D4} = 1{,}9$.

Cependant, pour le premier complexe, la relation donnant pL en fonction de pK_{D2} s'écrit :

$$2pL = pK_{D2} + \text{Log}\,\frac{[Hg^{2+}]}{[Hg(SCN)_2]}.$$

L'égalité des deux concentrations de l'ion mercure et de l'ion thiocyanate est obtenue pour une valeur de $pL = \frac{pK_{D2}}{2} = \frac{10{,}16}{2} = 8{,}05$.

Nous pouvons alors tracer le diagramme de prédominance des espèces en fonction de pL :

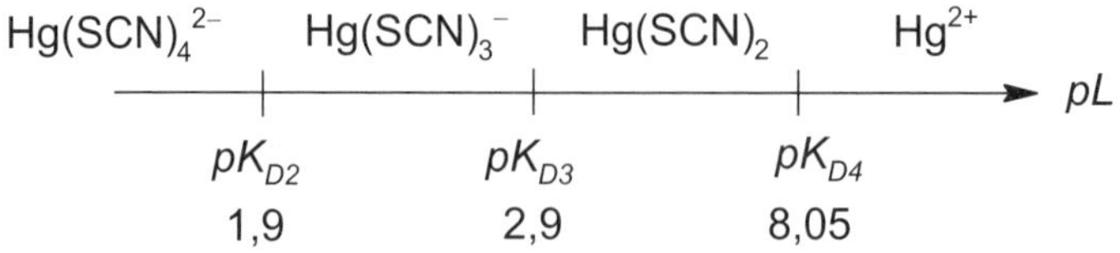

Exercice 9.8

*** **Stabilité d'un complexe en fonction du pH (d'après travaux publics)**

En solution aqueuse, les ions fer (II) et les ions cyanure CN^- forment un complexe ferrocyanure $Fe(CN)_6^{4-}$.

On dispose de la constante de dissociation de cet ion complexe :

$$Fe\,(CN)_6^{4-} = Fe^{2+} + 6CN^- \quad \text{avec} \quad K_{D1} = 10^{-24}.$$

On prépare une solution S_1 contenant des ions ferrocyanure à la concentration initiale $C_0 = 2,0{\cdot}10^{-2}$ mol·L^{-1}.

On désigne par α le coefficient de dissociation de l'ion complexe ferrocyanure.

a. Donner l'expression de α.

b. Calculer la concentration à l'équilibre de l'ensemble des espèces en solution.
Les ions cyanure ont des propriétés de base faible caractérisées par le couple HCN/CN^- de $pKa = 9,3$.

c. Indiquer les domaines de prédominance des espèces de ce couple.

d. Calculer le pH d'une solution de concentration $[CN^-] = 1,0{\cdot}10^{-2}$ mol·L$-^1$.

e. Décrire qualitativement l'influence du pH sur la valeur du coefficient de dissociation de l'ion complexe ferrocyanure.
On ajoute dans la solution S_1 un acide fort.

f. Écrire la réaction entre le complexe et un acide fort ajouté dans la solution.

g. Déterminer la constante de l'équilibre. Que pouvez-vous en déduire ?

h. L'ajout de l'acide fort est tel que α = 0,5. Que valent les concentrations des espèces en solution ?

i. Calculer le pH de cette solution.

a. Établissons le tableau d'avancement de l'équilibre de dissociation du complexe.

	$Fe(CN)_6^{4-}$ =	Fe^{2+} +	$6CN^-$
EI	C_0	0	0
E équilibre	$C_0 - x =$	$x =$	$6x =$

Le coefficient de dissociation est défini par le rapport de la quantité dissociée sur la quantité initiale, soit $\alpha = \dfrac{x}{C_0}$ .Nous pouvons donc écrire les concentrations à l'équilibre en fonction de α :

E équilibre	C_0-x = C_0 (1-α)	$x = C_0\alpha$	$6\,x = 6C_0\alpha$

Nous remplaçons ces différentes concentrations à l'équilibre dans l'expression de la constante de dissociation de cet équilibre, ce qui nous amène à :

$$K_{D1} = \frac{\left[Fe^{2+}\right]\left[CN^{-}\right]^{6}}{\left[Fe\,(CN)_6^{4-}\right]} = \frac{C_0\alpha \times (6C_0\alpha)^6}{C_0\,(1-\alpha)} = \frac{6^6\,(C_0\alpha)^7}{C_0\,(1-\alpha)}.$$

L'expression de α sera très complexe, aussi postulons-nous que α est très petit devant 1, ce qui nous permet de simplifier l'expression C_0 (1-α) par C_0, ce qui nous donne au final :

$$\alpha = \sqrt[7]{\frac{K_{D1}}{6^6 C_0^6}} = \sqrt[7]{\frac{10^{-24}}{6^6 \times \left(2{,}0\cdot 10^{-2}\right)^6}} = 2{,}3\cdot 10^{-3}.$$

b. Cette valeur de α nous permet de calculer les concentrations des différentes espèces en solution, à savoir :

- $[Fe(CN)_6^{4-}] = C_0(1-\alpha) = 2{,}0\cdot 10^{-2}$ mol·L^{-1}.
- $[Fe^{2+}] = C_0\alpha = 2{,}0\cdot 10^{-2} \times 2{,}3\cdot 10^{-3} = 4{,}6\cdot 10^{-5}$ mol·L^{-1}.
- $[CN^{-}] = 6C_0\alpha = 6 \times 2{,}0\cdot 10^{-2} \times 2{,}3\cdot 10^{-3} = 2{,}76\cdot 10^{-4}$ mol·L^{-1}.

c. Grâce à la valeur du pK_a du couple, nous traçons sans difficulté les domaines de prédominance des deux espèces en fonction du pH :

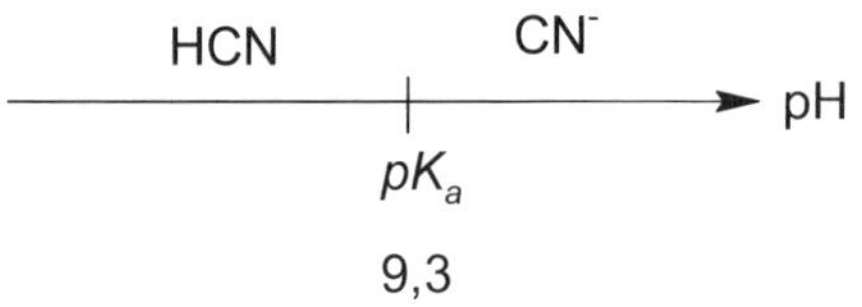

d. L'énoncé nous indiquant que les ions cyanure ont des propriétés de base faible, nous appliquons la formule permettant de déterminer le pH d'une solution de base faible, soit :

$$\text{pH} = \frac{1}{2}\,(pK_e + pK_a + \text{Log}\ C) \quad \text{avec } C \text{ : concentration initiale.}$$

Ce qui nous donne une valeur de pH de :

$$\text{pH} = \frac{1}{2}\left(14 + 9{,}3 + \text{Log}\ 1{,}0\cdot 10^{-2}\right) = 10{,}65.$$

Nous sommes bien dans le domaine de prédominance de la base faible (pH > 9,3).

e. Si la valeur du pH diminue, nous passerons dans le domaine de prédominance de l'acide cyanhydrique HCN. La concentration en ions cyanure va donc diminuer, ce qui va déplacer l'équilibre de dissociation du complexe vers la droite, pour compenser cette disparition.

Le coefficient de dissociation α va donc augmenter.

f. L'acide fort étant totalement dissocié dans l'eau, la réaction fait intervenir le complexe et les ions oxonium, soit :

$$Fe\,(CN)_6^{4-} + 6H_3O^+ = Fe^{2+} + 6HCN + 6H_2O.$$

g. La constante de l'équilibre se déduit de la loi d'action de masse, soit :

$$K = \frac{[HCN]^6\,[Fe^{2+}]}{[Fe\,(CN)_6^{4-}]\,[H_3O^+]^6} = \frac{K_{D1}}{Ka^6} = \frac{10^{-24}}{(10^{-9,3})^6} = 10^{31,8}.$$

La très grande valeur de la constante de réaction nous indique que la réaction peut être considérée comme totale.

h. L'ajout d'acide fort étant tel que le coefficient soit de 0,5, nous en déduisons que le complexe est à moitié dissocié en ions fer (II), soit l'égalité :

$$[Fe\,(CN)_6^{4-}] = [Fe^{2+}] = \frac{C_0}{2} = \frac{2{,}0\cdot 10^{-2}}{2} = 1{,}0\cdot 10^{-2}\ mol\cdot L^{-1}.$$

Si nous remplaçons ces valeurs dans l'expression de K_D, nous en déduisons la concentration des ions cyanure :

$$K_{D1} = \frac{[Fe^{2+}]\,[CN^-]^6}{[Fe\,(CN)_6^{4-}]} = [CN^-]^6 \text{ car } [Fe\,(CN)_6^{4-}] = [Fe^{2+}]$$

Soit

$$[CN^-] = \sqrt[6]{K_{D1}} = \sqrt[6]{10^{-24}} = 10^{-4}\ mol\cdot L^{-1}.$$

La valeur de la constante de réaction entre l'acide fort et le complexe nous a indiqué que la réaction était totale, donc d'après l'équation :

$$Fe\,(CN)_6^{4-} + 6H_3O^+ = Fe^{2+} + 6HCN + 6H_2O.$$

Nous en déduisons que $[HCN] = 6\,[Fe^{2+}] = 6 \times 1{,}0\cdot 10^{-2} = 6{,}0\cdot 10^{-2}\ mol\cdot L^{-1}$.

i. La question précédente nous a permis de connaître la concentration en acide cyanhydrique et en ions cyanure. Nous connaissons donc les concentrations des deux espèces du couple acido-basique qui vont nous permettre, par la relation d'Henderson, de déterminer le pH :

$$pH = pK_a + \text{Log}\,\frac{[CN^-]}{[HCN]} = 9{,}3 + \text{Log}\,\frac{10^{-4}}{6{,}0\cdot 10^{-2}} = 6{,}5.$$

Équilibres de solubilité 10

Ce qu'il faut savoir

Qu'est ce que la solubilité d'un composé ?

La solubilité s représente le nombre maximal de moles de composé que l'on peut dissoudre dans un litre de solvant (l'eau en général).

On peut donc lier cette notion à un équilibre appelé équilibre de solubilisation faisant intervenir le solide ainsi que les ions solvatés :

$$A_\alpha B_{\beta(s)} \rightleftarrows \alpha A^+_{(aq)} + \beta B^-_{(aq)}.$$

Cet équilibre possède une constante appelée constante de solubilité Ks (encore appelée produit de solubilité ou constante de dissolution) telle que :

$$K_s = \left[A^+\right]^\alpha \left[B^-\right]^\beta.$$

Remarque
Attention ! Ne surtout pas faire apparaître une éventuelle concentration du précipité, ce serait une erreur grave, étant donné qu'il s'agit d'un solide.

La solubilité s peut également se définir à partir de cet équilibre :

$$\frac{\left[A^+\right]}{\alpha} = s ; \frac{\left[B^-\right]}{\beta} = s.$$

Ce qui nous donne donc par rapport à Ks :

$$K_s = \left[A^+\right]^\alpha \cdot \left[B^-\right]^\beta = (\alpha s)^\alpha \cdot (\beta s)^\beta.$$

$$s = \sqrt[\alpha+\beta]{\frac{Ks}{\alpha^\alpha \cdot \beta^\beta}}$$

Dans quelles conditions un solide va-t-il précipiter ?

On observera une précipitation si le produit de la concentration des deux ions à l'équilibre est supérieur ou égal au Ks, soit :

$$\left[A^+\right]\left[B^-\right] \geq K_s.$$

Quels sont les facteurs susceptibles d'influencer la solubilité d'un composé ?

Ces facteurs sont nombreux et variés, mais on peut cependant citer, comme les plus importants :

– **Effet d'ion commun**
L'ajout dans le milieu de l'un des ions déplace l'équilibre de précipitation dans le sens de la formation du précipité. La solubilité diminue donc.

– **Effet de la température**
La relation entre la solubilité et la température est donnée par la loi dite de van't Hoff :

$$\frac{d \ln Ks}{dT} = \frac{\Delta H^0}{RT^2}.$$

ΔH° : Enthalpie standard de la réaction.
T : température en K.
L'effet du pH est difficile à résumer, tant les cas sont nombreux et différents. On peut toutefois résumer que le pH intervient :

– si les ions hydroxyde ou oxonium interviennent dans l'équilibre de solubilité ;
– si les espèces intervenant dans l'équilibre de solubilité appartiennent également à un couple acide-base.

Exercice 10.1 : Chlorure de plomb

* a. Calculer la solubilité du chlorure de plomb en $\text{mol}\cdot\text{L}^{-1}$ et en $\text{g}\cdot\text{L}^{-1}$, sachant que le produit de solubilité est de $Ks = 2,25\cdot 10^{-4}$ (à 25 °C) et que la masse molaire est de 278 $\text{g}\cdot\text{mol}^{-1}$.

b. Interpréter ce résultat.

a. Écrivons l'équilibre de solubilité du chlorure de plomb :

$$PbCl_{2(s)} - Pb^{2+} + 2\,Cl^-$$

auquel nous associons l'expression du produit de solubilité :

$$Ks = \left[Pb^{2+}\right]\left[Cl^-\right]^2.$$

La solubilité étant quant à elle égale à : $s = \left[Pb^{2+}\right] = \frac{\left[Cl^-\right]}{2}$, nous en déduisons l'expression liant la solubilité et le produit de solubilité, et donc la valeur de s :

$Ks = s\,(2s)^2 = 4s^3$, donc $s = \sqrt[3]{\frac{Ks}{4}} = \sqrt[3]{\frac{2,25\cdot 10^{-4}}{4}} = 3,83\cdot 10^{-2}\ \text{mol}\cdot\text{L}^{-1}$.

En multipliant par la masse molaire du chlorure de plomb, nous obtenons le résultat en $\text{g}\cdot\text{L}^{-1}$, soit $3,83\cdot 10^{-2} \times 278 = 10,65\ \text{g}\cdot\text{L}^{-1}$.

b. Nous pouvons dire que dans un litre d'eau, on ne pourra solubiliser que 10,65 g de chlorure de plomb.

Exercice 10.2 : Solubilité du phosphate de cuivre (II)

* a. Calculer la solubilité du phosphate de cuivre (II) sachant que le produit de solubilité est de $Ks = 1,30 \cdot 10^{-37}$.

b. Calculer les concentrations respectives des ions en solution.

c. Quel volume d'eau serait nécessaire pour dissoudre 10, 0 g de ce composé.

On donne les masses molaires (en $g \cdot mol^{-1}$) : P = 31 ; O = 16 ; Cu = 63,5.

a. L'équilibre de solubilité de ce composé est :

$$(PO_4)_2\,Cu_3 = 2\,PO_4^{3-} + 3\,Cu^{2+}.$$

Le produit de solubilité vaut donc :

$$Ks = \left[PO_4^{3-}\right]^2 \left[Cu^{2+}\right]^3 \text{ avec } s = \frac{\left[PO_4^{3-}\right]}{2} = \frac{\left[Cu^{2+}\right]}{3}.$$

Nous obtenons donc :

$$Ks = (2s)^2\,(3s)^3 = 108s^5,$$

$$\text{soit } s = \sqrt[5]{\frac{Ks}{108}} = \sqrt[5]{\frac{1,30 \cdot 10^{-37}}{108}} = 1,65 \cdot 10^{-8}\ mol \cdot L^{-1}.$$

b. Les concentrations respectives des ions en solution valent :

$$\left[Cu^{2+}\right] = 3s = 3 \times 1,65 \cdot 10^{-8} = 4,95 \cdot 10^{-8}\ mol \cdot L^{-1}$$

$$\left[PO_4^{3-}\right] = 2s = 2 \times 1,65 \cdot 10^{-8} = 3,30 \cdot 10^{-8}\ mol \cdot L^{-1}.$$

c. Transposons la solubilité en $g \cdot L^{-1}$ grâce à la masse molaire qui vaut $M = 380,5\ g \cdot mol^{-1}$:

$$s = 1,65 \cdot 10^{-8} \times 380,5 = 6,28 \cdot 10^{-6}\ g \cdot L^{-1}.$$

Nous voyons que pour dissoudre 10,0 g de ce composé dans l'eau, il faudra un volume v de :

$$v = \frac{10,0}{6,28 \cdot 10^{-6}} = 1,59 \cdot 10^6\ L.$$

Ce volume est évidemment très important en comparaison de la faible masse à dissoudre.

Exercice 10.3 : Effet d'ions communs

** Calculer la solubilité du chromate d'argent dans :

a. l'eau.

b. une solution de chromate de potassium de concentration $C_1 = 0,10\ mol \cdot L^{-1}$.

c. une solution de nitrate d'argent de concentration $C_2 = 0,20\ mol \cdot L^{-1}$.

On donne le produit de solubilité du chromate d'argent $Ks = 1,50 \cdot 10^{-12}$.

a. Écrivons l'équilibre de solubilité du chromate d'argent, puis l'expression du produit de solubilité :

$$Ag_2CrO_{4(s)} = 2\,Ag^+ + CrO_4^{2-},\ \text{avec } Ks = \left[Ag^+\right]^2 \left[CrO_4^{2-}\right].$$

Ce qui nous permet d'accéder à la solubilité s :

$$s = \frac{\left[Ag^+\right]}{2} = \left[CrO_4^{2-}\right],\ \text{avec } Ks = (2s)^2\, s = 4s^3.$$

La solubilité vaut donc $s = \sqrt[3]{\frac{Ks}{4}} = \sqrt[3]{\frac{1,50\cdot 10^{-12}}{4}} = 7,21\cdot 10^{-5}\ \text{mol}\cdot\text{L}^{-1}$.

b. Dans la solution de chromate de potassium, l'expression du produit de solubilité est inchangée, mais la valeur de la concentration des ions chromate est différente, puisqu'une partie de ces ions a été apportée par la solution elle-même.

Si nous appelons s_1 la nouvelle solubilité dans cette solution, nous obtenons les relations suivantes :

$$\left[Ag^+\right] = 2s_1 \text{ et } \left[CrO_4^{2-}\right] = s_1 + C_1.$$

L'expression du produit de solubilité devient donc :

$$\begin{aligned} Ks &= \left[Ag^+\right]^2 \left[CrO_4^{2-}\right] \\ &= (2s_1)^2\,(s_1 + C_1). \end{aligned}$$

Nous pouvons négliger s_1 devant C_1, ce qui simplifie l'expression précédente et permet de calculer la valeur de s_1 :

$$Ks = (2s_1)^2\,(s_1 + C_1) = (2s_1)^2\, C_1 = 4s_1^2 C_1$$

$$\text{soit } s_1 = \sqrt{\frac{Ks}{4C_1}} = \sqrt{\frac{1,50\cdot 10^{-12}}{4\times 0,10}} = 1,93\cdot 10^{-6}\ \text{mol}\cdot\text{L}^{-1}.$$

Nous constatons bien que, par effet d'ion commun, la solubilité diminue.

c. Dans cette nouvelle solution, c'est la concentration en ions argent qui varie.

Appelons s_2 cette nouvelle solubilité dans cette solution :

$$\left[Ag^+\right] = 2s_2 + C_2 \text{ et } \left[CrO_4^{2-}\right] = s_2.$$

L'expression du produit de solubilité devient donc :

$$\begin{aligned} Ks &= \left[Ag^+\right]^2 \left[CrO_4^{2-}\right] \\ &= (2s_2 + C_2)^2\,(s_2). \end{aligned}$$

Nous pouvons négliger s_2 devant C_2 ce qui simplifie l'expression précédente et permet de calculer la valeur de s_2 :

$$Ks = (C_2)^2\,(s_2) = C_2^2 s_2$$

$$\text{soit } s_2 = \frac{Ks}{C_2^2} = \frac{1,50\cdot 10^{-12}}{(0,20)^2} = 3,75\cdot 10^{-11}\ \text{mol}\cdot\text{L}^{-1}.$$

Nous constatons là encore une nette diminution de la solubilité.

Exercice 10.4 : Conditions de précipitation

*
*
On mélange $V_1 = 50,0$ mL d'une solution de nitrate de plomb à la concentration $C_1 = 0,010$ mol·L^{-1}, avec un volume $V_2 = 100,0$ mL d'une solution d'acide sulfurique à la concentration $C_2 = 0,010$ mol·L^{-1}.

a. Démontrer qu'il y a précipitation du sulfate de plomb.

b. Cette précipitation est-elle totale ?

c. Calculer les concentrations des ions en solution.

d. Quelle est la masse de sulfate de plomb précipité ?

e. On récupère tout le précipité par filtration, puis on le rince avec 20,0 mL d'eau. Quel est alors le pourcentage de précipité qui s'est solubilisé ?

Données

Le produit de solubilité du sulfate de plomb $Ks = 10^{-7,8}$.

La masse molaire du sulfate de plomb : $M = 303$ g·mol^{-1}.

a. La précipitation a lieu si le produit de la concentration initiale des deux ions est supérieur au Ks, soit :

$$\left[Pb^{2+}\right]_i \left[SO_4^{2-}\right]_i \geq Ks.$$

Nous calculons donc la concentration de chaque ion dans le mélange obtenu :

$$\left[Pb^{2+}\right]_i = \frac{C_1V_1}{V_1+V_2} = \frac{0,010 \times 50,0}{150,0} = 3,33\cdot10^{-3}\ \text{mol}\cdot\text{L}^{-1}$$

$$\left[SO_4^{2-}\right]_i = \frac{C_2V_2}{V_1+V_2} = \frac{0,010 \times 100,0}{150,0} = 6,66\cdot10^{-3}\ \text{mol}\cdot\text{L}^{-1}.$$

Nous calculons donc que :

$$\left[Pb^{2+}\right]_i \left[SO_4^{2-}\right]_i = 3,33\cdot10^{-3} \times 6,66\cdot10^{-3} = 2,22\cdot10^{-5} \geq Ks = 1,59\cdot10^{-8}.$$

Il y a donc précipitation du sulfate de plomb.

b. Pour déterminer si la précipitation est totale ou non, nous établissons un tableau d'avancement de la réaction de précipitation (les ions nitrate et H^+ étant spectateurs ne seront pas représentés dans ce tableau).

	Pb^{2+} +	SO_4^{2-} =	$PbSO_4$
EI	$3,33\cdot10^{-3}$	$6,66\cdot10^{-3}$	0
EF	$3,33\cdot10^{-3} - x$	$6,66\cdot10^{-3} - x$	x

Grâce à l'expression du Ks, nous pouvons obtenir la valeur de x :

$$Ks = [Pb^{2+}]_f [SO_4^{2-}]_f = ([Pb^{2+}]_i - x)([SO_4^{2-}]_i - x)$$

soit $x^2 - ([Pb^{2+}]_i + [SO_4^{2-}]_i)\,x + [Pb^{2+}]_i [SO_4^{2-}]_i - Ks = 0$

$$x^2 - (3,33\cdot10^{-3} + 6,66\cdot10^{-3})\,x + (3,33\cdot10^{-3} \times 6,66\cdot10^{-3}) - 1,59\cdot10^{-8} = 0$$

$$x^2 - 1\cdot10^{-2}x + 2,22\cdot10^{-5} = 0$$

$$x = 3,33\cdot10^{-3} \text{ mol.}$$

Nous voyons que cette valeur de x correspond à la valeur maximale possible en cas de réaction totale. Cette précipitation est bien totale.
Il se forme donc une quantité de précipité égale à la quantité du réactif initial en défaut, ici les ions plomb (II), soit $0,010 \times 50,0\cdot10^{-3} = 5,0\cdot10^{-4}$ mol.

c. d'après le tableau d'avancement, nous déterminons la concentration finale des ions sulfate en solution :

$$[SO_4^{2-}]_f = [SO_4^{2-}]_i - x = 6,66\cdot10^{-3} - 3,33\cdot10^{-3} = 3,33\cdot10^{-3} \text{ mol}\cdot\text{L}^{-1}.$$

Pour les ions plomb, l'utilisation du tableau d'avancement nous amènerait à une concentration nulle. En fait, il reste des traces d'ions plomb, que nous déterminons par l'expression du Ks :

$$Ks = [Pb^{2+}]_f [SO_4^{2-}]_f,$$

$$\text{donc } [Pb^{2+}]_f = \frac{Ks}{[SO_4^{2-}]_f} = \frac{1,59\cdot10^{-8}}{3,33\cdot10^{-3}} = 4,77\cdot10^{-6} \text{ mol}\cdot\text{L}^{-1}$$

d. La masse de précipité se déduit aisément grâce à la masse molaire et à la quantité de précipité formé, soit :

$$m_{PbSO_4} = n \times M = 5,0\cdot10^{-4} \times 303 = 0,15 \text{ g.}$$

e. Ces 0,15 g de précipité se retrouvent dans un volume d'eau de 20,0 mL. Sachant que la solubilité de ce composé en $g\cdot mol^{-1}$ est de :

$$s = \sqrt{Ks}\cdot M = \sqrt{1,59\cdot10^{-8}} \times 303 = 3,82\cdot10^{-2} \text{ g}\cdot\text{L}^{-1}$$

nous en déduisons que dans 20,0 mL, il peut se dissoudre

$$20,0 \times s = 20,0 \times 3,82\cdot10^{-2} = 7,64\cdot10^{-4} \text{ g de précipité.}$$

Sur une masse totale de 0,15 g, le pourcentage de dissolution est de :

$$\frac{7,64\cdot10^{-4}}{0,15} \times 100 = 0,51\ \%.$$

Exercice 10.5 : Solubilité et complexation (d'après STL)

*** On s'intéresse à la solubilité du chromate d'argent, Ag_2CrO_4, dans divers milieux.

a. Ecrire l'équation de l'équilibre traduisant la mise en solution de ce composé.

b. Donner l'expression littérale du produit de solubilité K_S.

c. Calculer la solubilité s du chromate d'argent dans l'eau en $g \cdot L^{-1}$.

On place maintenant ce composé dans une solution aqueuse de nitrate d'argent.

d. Montrer qualitativement comment doit évoluer la solubilité s' du chromate d'argent dans une solution de nitrate d'argent par rapport à sa solubilité s dans l'eau pure.

e. Calculer la nouvelle solubilité s' (en $g \cdot L^{-1}$) du chromate d'argent dans une solution de nitrate d'argent de concentration $0,10\ mol \cdot L^{-1}$.

Une solution d'ammoniac peut dissoudre le chromate d'argent par formation de l'ion complexe $[Ag(NH_3)_2]^+$.

f. Donner le nom de l'ion complexe formé en nomenclature officielle.

g. Ecrire l'équation de la réaction de l'ammoniac avec le chromate d'argent qui forme ce complexe.

h. Donner l'expression de la constante de dissociation K_D de ce complexe.

On donne (à 25 °C) :

Masse molaire du chromate d'argent : $331,8\ g \cdot mol^{-1}$.

Produit de solubilité du chromate d'argent : $K_S = 1,6 \cdot 10^{-12}$.

Constante de dissociation du complexe $[Ag(NH_3)_2]^+$: $K_D = 6,3 \cdot 10^{-8}$.

Solubilité dans l'eau pure : le chromate d'argent est un composé très peu soluble dans l'eau.

a. L'équilibre s'écrit :

$$Ag_2CrO_{4(s)} = 2\ Ag^+ + CrO_4^{2-}.$$

b. La constante de l'équilibre associé à cette équation est donc :

$$Ks = \left[Ag^+\right]^2 \left[CrO_4^{2-}\right].$$

c. Nous en déduisons l'expression de la solubilité :

$$s = \left[CrO_4^{2-}\right] = \frac{\left[Ag^+\right]}{2}.$$

Ce qui en injectant dans l'expression du Ks nous amène à l'expression de la solubilité :

$$Ks = \left[Ag^+\right]^2 \left[CrO_4^{2-}\right] = (2s)^2\, s = 4s^3, \text{ soit } s = \sqrt[3]{\frac{Ks}{4}}.$$

Ce qui nous donne : $s = \sqrt[3]{\dfrac{1,6\cdot 10^{-12}}{4}} = 7,4\cdot 10^{-5}\ \text{mol}\cdot\text{L}^{-1}$.

Il ne nous reste qu'à transposer cette solubilité en $\text{g}\cdot\text{L}^{-1}$, soit

$$s = 7,4\cdot 10^{-5} \times 331,8 = 2,5\cdot 10^{-2}\ \text{g}\cdot\text{L}^{-1}.$$

d. Dans le cas d'une solution de nitrate d'argent, il se produit un effet d'ion commun, puisque les ions argent participent à l'équilibre de solubilité. La présence de ces ions va donc déplacer l'équilibre dans le sens de la formation du solide. La solubilité va diminuer, et s' sera inférieure à s.

e. La solution a une concentration en ions argent de $0,1\ \text{mol}\cdot\text{L}^{-1}$, ce qui nous donne :

$$s' = \left[\text{CrO}_4^{2-}\right] = \frac{\left[\text{Ag}^+\right]}{2} \text{ soit } Ks = \left[\text{CrO}_4^{2-}\right]\left[\text{Ag}^+\right]^2 = s' \times (0,1)^2.$$

Ce qui entraîne que $s' = \dfrac{Ks}{(0,1)^2} = \dfrac{1,6\cdot 10^{-12}}{(0,1)^2} = 1,6\cdot 10^{-10}\ \text{mol}\cdot\text{L}^{-1}$, soit $s' = 1,6\cdot 10^{-10} \times 331,8 = 5,3\cdot 10^{-8}\ \text{g}\cdot\text{L}^{-1}$.

Nous confirmons bien que la solubilité a nettement chuté.

f. Il s'agit de l'ion diamine argent (I).

g. L'ammoniac réagit donc avec le chromate d'argent pour former le complexe suivant la réaction :

$$\text{Ag}_2\text{CrO}_{4(s)} + 4\,\text{NH}_3 = 2\left[\text{Ag}(\text{NH}_3)_2^+\right] + \text{CrO}_4^{2-}.$$

h. La constante de dissociation de cet équilibre est associée à l'équilibre suivant :

$$\text{Ag}(\text{NH}_3)_2^+ = \text{Ag}^+ + 2\,\text{NH}_3 \text{ avec } K_D = \frac{\left[\text{Ag}^+\right][\text{NH}_3]^2}{\left[\text{Ag}(\text{NH}_3)_2^+\right]}.$$

Exercice 10.6 : Solubilité du plomb (d'après BTS)

**

À 25 °C, on constate qu'il est impossible de dissoudre plus de 2, 20 g de chlorure de plomb (II) dans 500 mL d'eau.

a. Écrire l'équilibre chimique correspondant à la dissociation du chlorure de plomb (II).

b. Calculer la solubilité du chlorure de plomb (II) en $\text{mol}\cdot\text{L}^{-1}$. (On donne les masses molaires en g mol^{-1} : Pb = 207 ; Cl = 35,5).

c. Calculer le produit de solubilité du chlorure de plomb (II)

À 25°C, le produit de solubilité de PbSO_4 (s) vaut : $K_s = 1,6\cdot 10^{-8}$.

d. Du chlorure de plomb (II) ou du sulfate de plomb (II) quel est le plus soluble dans l'eau à 25 °C ? Justifier en comparant les solubilités.

a. L'équilibre correspondant à la dissociation s'écrit :

$$PbCl_{2(s)} = Pb^{2+} + 2\,Cl^{-}.$$

b. L'énoncé nous indique que l'on ne peut pas dissoudre plus de 2, 20 g de chlorure de plomb dans 500 mL d'eau, soit une solubilité de $4,40\ g{\cdot}L^{-1}$.
Avec la masse molaire de ce solide égale à $278\ g{\cdot}mol^{-1}$, cette solubilité vaut donc :

$$s = \frac{4,40}{278} = 1,58{\cdot}10^{-2}\ mol{\cdot}L^{-1}.$$

c. On associe à cet équilibre la constante de solubilité Ks :

$$Ks = \left[Pb^{2+}\right]\left[Cl^{-}\right]^2 \text{ avec } s = \left[Pb^{2+}\right] = \frac{\left[Cl^{-}\right]}{2}.$$

Nous obtenons donc :

$$Ks = s\,(2s)^2 = 4s^3 = 4\left(1,58{\cdot}10^{-2}\right)^3 = 1,58{\cdot}10^{-5}.$$

d. Calculons la solubilité du sulfate de plomb (II).
L'équilibre de solubilité de ce composé est :

$$PbSO_{4(s)} = Pb^{2+} + SO_4^{2-} \text{ avec } Ks = \left[Pb^{2+}\right]\left[SO_4^{2-}\right].$$

Ce qui nous permet de définir la solubilité :

$$s = \left[Pb^{2+}\right] = \left[SO_4^{2-}\right]$$

$$\text{soit } Ks = 2s^2 \Rightarrow s = \sqrt{Ks} = \sqrt{1,6{\cdot}10^{-8}} = 1,3{\cdot}10^{-4}\ mol{\cdot}L^{-1}.$$

Cette solubilité est inférieure à celle du chlorure de plomb (II).

Exercice 10.7 : Solubilité du fer (III) (d'après Polytechnique)

**

Calculer la solubilité de l'hydroxyde de fer (III) $Fe(OH)_3$ dans les solutions aqueuses tamponnées aux différents pH suivants : 6 ; 7 ; 7,5 ; 8 ; 9.

On considère que les tampons sont indifférents vis-à-vis du fer (III).

Données

Produit ionique de l'eau $Ke = 1,0{\cdot}10^{-14}$.

Produit de solubilité de $Fe(OH)_3$ $Ks=1,0{\cdot}10^{-36}$.

Écrivons tout d'abord l'équilibre de solubilité de l'hydroxyde de fer (III), ainsi que la constante associée :

$$Fe\,(OH)_{3(s)} = Fe^{3+} + 3\,HO^{-} \text{ avec } Ks = \left[Fe^{3+}\right]\left[HO^{-}\right]^3.$$

La solubilité s vaut donc : $s = \left[Fe^{3+}\right] = \dfrac{\left[HO^{-}\right]}{3}$ avec la concentration des ions hydroxyde qui est imposée par le pH de la solution tamponnée.

Nous pouvons donc écrire que $[Fe^{3+}] = s = \dfrac{Ks}{[HO^-]^3}$.

La concentration des ions hydroxyde se déduit de l'équilibre d'autoprotolyse de l'eau et de la constante associée :

$$2H_2O = H_3O^+ + HO^- \text{ avec } Ke = [H_3O^+][HO^-], \text{ soit } [HO^-] = \frac{Ke}{[H_3O^+]}.$$

Ce qui nous donne finalement pour la solubilité s :

$$s = \frac{Ks}{[HO^-]^3} = \frac{Ks\,[H_3O^+]^3}{Ke^3} = \frac{Ks \times 10^{-3pH}}{Ke^3}$$
$$= \frac{1,0\cdot 10^{-36} \times 10^{-3pH}}{(1,0\cdot 10^{-14})^3} = \frac{1,0\cdot 10^{-36-3pH}}{1,0\cdot 10^{-42}}.$$

Nous pouvons donc remplir le tableau suivant donnant les solubilités en fonction du pH de la solution.

pH	6	7	7,5	8	9
$s(\text{mol}\cdot\text{L}^{-1})$	$1,0\cdot 10^{-12}$	$1,0\cdot 10^{-15}$	$3,2\cdot 10^{-17}$	$1,0\cdot 10^{-18}$	$1,0\cdot 10^{-21}$

Exercice 10.8 : Analyse d'eau de boisson (d'après BTS)

**

Pour qu'une eau soit propre à la consommation, elle doit répondre à un certain nombre de critères codifiés. En particulier, le taux d'ions chlorure ne doit pas dépasser la concentration de 250 $mg\cdot L^{-1}$.

Une quantité excessive d'ions chlorure dans l'eau lui donne une saveur désagréable et peut entraîner la corrosion des canalisations d'eau chaude. La norme NF 90 014 fixe la méthode de dosage des ions chlorure qui doit être utilisée pour analyser l'eau. Le principe de la méthode est le suivant.

Les ions chlorure sont dosés en milieu neutre (pH = 7,0) par une solution de concentration connue en nitrate d'argent en présence de chromate de potassium. La fin du dosage est indiquée par l'apparition d'une teinte rouge caractéristique de la formation d'un précipité de chromate d'argent. On dit que l'équivalence est atteinte.

a. Déterminer la solubilité s du chlorure d'argent.

b. En déduire les concentrations des ions dans une solution saturée de chlorure d'argent.

Lors du dosage de $V_1 = 100,0$ mL de l'eau à analyser, l'équivalence est obtenue après avoir versé $V_{éq} = 6,0$ mL de solution de nitrate d'argent de concentration égale à $2,82\cdot 10^{-2}$ $mol\cdot L^{-1}$.

c. Traduire l'équivalence de cette réaction en précisant les quantités d'ions argent et chlorure qui ont été mises en présence.

d. Calculer la concentration molaire volumique en ions chlorure de l'eau.

e. Cette eau est-elle propre à la consommation ? Justifier et commenter le résultat annoncé.

Données

Masses molaires ($g{\cdot}mol^{-1}$) : Ag = 107,9 N = 14,0 0 = 16,0 Cl = 35,5

Produit de solubilité du chlorure d'argent : $Ks = 1,78{\cdot}10^{-10}$.

a. Écrivons l'équilibre de solubilité du chlorure d'argent ainsi que l'expression de la constante de solubilité :

$$AgCl_{(s)} = Ag^+ + Cl^- \text{ avec } Ks = \left[Ag^+\right]\left[Cl^-\right].$$

La solubilité vaut donc :

$$s = \left[Ag^+\right] = \left[Cl^-\right]$$

$$\text{soit } Ks = s^2 \Rightarrow s = \sqrt{Ks} = \sqrt{1,78{\cdot}10^{-10}} = 1,33{\cdot}10^{-5}\ mol{\cdot}L^{-1}.$$

b. D'après la question précédente, nous en déduisons que :

$$\left[Ag^+\right] = \left[Cl^-\right] = 1,33{\cdot}10^{-5}\ mol{\cdot}L^{-1}.$$

c. D'après l'équation du dosage, à l'équivalence, les quantités d'ions argent et d'ions chlorure sont les mêmes.

$$n_{Ag^+} = n_{Cl^-}.$$

d. Puisque les quantités sont identiques, nous en déduisons que :

$$\left[Ag^+\right] V_{éq} = \left[Cl^-\right] V_1,$$

$$\text{soit que } \left[Cl^-\right] = \frac{\left[Ag^+\right] V_{éq}}{V_1} = \frac{2,82{\cdot}10^{-2} \times 6,0}{100,0} = 1,69{\cdot}10^{-3}\ mol{\cdot}L^{-1}.$$

e. Sachant que la masse molaire des ions chlorure est de 35,5 $g.mol^{-1}$, cette concentration molaire correspond à une concentration massique de :

$$\left[Cl^-\right] = 1,69{\cdot}10^{-3} \times 35,5 = 60,0\ mg{\cdot}L^{-1}.$$

Cette valeur étant nettement inférieure à la norme imposée, l'eau est considérée comme potable.

Exercice 10.9 : Précipitation du carbonate de calcium (d'après Capes)

* *

Une eau distillée est considérée comme saturée en dioxyde de carbone. L'air ambiant est supposé contenir une fraction molaire en dioxyde de carbone de $5,0{\cdot}10^{-4}$ (pour une pression totale atmosphérique de 1 atm, soit $1,0{\cdot}10^5$ Pa).

a. Calculer la concentration en dioxyde de carbone dissous.

b. Calculer le pH. Justifier les approximations, si nécessaire.

c. Quelle concentration en ions calcium doit-on réaliser dans cette eau pour qu'il y ait précipitation du carbonate de calcium ? Cela vous paraît-il envisageable ?

d. Comment pourrait-on obtenir ce précipité ? Comment le redissoudre ?

Données

Constante d'équilibre de dissolution du dioxyde de carbone dans l'eau $k = 4,3 \cdot 10^{-7}\ \text{mol} \cdot \text{Pa}^{-1} \cdot \text{L}^{-1}$.

$pKs(\text{CaCO}_3) = 8,3$.

$pKa_1(\text{CO}_2(\text{aq})/\text{HCO}_3^-) = 6,35$.

$pKa_2(\text{HCO}_3^-/\text{CO}_3^{2-}) = 10,2$.

a. Le dioxyde de carbone dissous dans l'eau est en équilibre avec le dioxyde de carbone de l'atmosphère suivant l'équilibre :

$$\text{CO}_{2(g)} = \text{CO}_{2(d)} \text{ avec } k = \frac{\left[\text{CO}_{2(d)}\right]}{p_{CO_{2(g)}}}.$$

La concentration en dioxyde de carbone dissous s'écrit donc :

$$\left[\text{CO}_{2(d)}\right] = k \cdot p_{CO_{2(g)}} = 4,3 \cdot 10^{-7} \left(5,0 \cdot 10^{-4} \times 1,0 \cdot 10^5\right) = 2,2 \cdot 10^{-5}\ \text{mol} \cdot \text{L}^{-1}.$$

b. D'après les données de l'exercice, nous constatons que le dioxyde de carbone fait partie de deux couples acido-basiques. Si nous négligeons la seconde acidité devant la première, nous pouvons dire que le dioxyde de carbone dissous se comporte comme un acide faible. Le pH est alors donné par la relation :

$$\text{pH} = \frac{1}{2}\left(pK_{a1} - \text{Log } C\right) \text{ avec C : Concentration initiale en acide faible.}$$

Avec la concentration calculée plus haut, nous calculons le pH de la solution d'eau distillée :

$$\text{pH} = \frac{1}{2}\left(pK_{a1} - \text{Log } C\right) = \frac{1}{2}\left(6,35 - \text{Log } 2,2 \cdot 10^{-5}\right) = 5,5.$$

Nous observons *a posteriori* que nous sommes bien dans le domaine de prédominance du dioxyde de carbone dissout ($\text{pH} < pKa_1$).

c. La précipitation commence lorsque le produit de la concentration des deux ions est égal au Ks de l'équilibre :

$$\text{CaCO}_{3(s)} = \text{Ca}^{2+}_{(aq)} + \text{CO}^{2-}_{3(aq)} \text{ avec } Ks = \left[\text{Ca}^{2+}_{(aq)}\right]\left[\text{CO}^{2-}_{3(aq)}\right].$$

Or, étant donné le pH, il n'y a que des traces d'ions carbonate dans cette solution. La précipitation ne pourrait donc avoir lieu que pour des valeurs incroyablement élevées en ions calcium, ce qui apparaît inenvisageable.

d. Si l'on déplace le pH jusqu'à se trouver dans le domaine de prédominance des ions carbonates, leur concentration augmentant, la concentration d'ions calcium nécessaire pour que la précipitation ait lieu sera faible.
Donc, un ajout d'ions calcium à une eau basique doit permettre l'apparition de ce précipité. Un ajout d'acide doit permettre de le redissoudre.

Exercice 10.10 : Étude de l'eau de chaux (d'après Capes)

***

a. Le produit de solubilité de l'hydroxyde de calcium à 25 °C est de $1,3 \cdot 10^{-6}$. Quelle est sa solubilité dans l'eau pure en $g \cdot L^{-1}$?

b. Le produit de solubilité du carbonate de calcium à 25 °C est de $9,0 \cdot 10^{-9}$. Quelle est sa solubilité dans l'eau pure en $g \cdot L^{-1}$? On considérera que cette eau contient $2,6 \cdot 10^{-2}$ $mol \cdot L^{-1}$ de dioxyde de carbone dissous pour un pH de 5,5.

Données

Masse molaires (en $g \cdot mol^{-1}$) : Ca = 40,0 O = 16,0 H = 1,0 C = 12,0

Constantes d'acidité pour $CO_{2(aq)}$ $pK_{a1} = 6{,}4 pK_{a2} = 10{,}2$.

a. Écrivons l'équilibre de solubilisation de l'hydroxyde de calcium :

$$Ca\,(OH)_{2(s)} = Ca^{2+} + 2OH^{-}.$$

Équilibre auquel on associe une constante de solubilité Ks de la forme :

$$Ks = \left[Ca^{2+}\right]\left[OH^{-}\right]^{2}.$$

La solubilité s vaut donc : $s = \left[Ca^{2+}\right] = \dfrac{1}{2}\left[OH^{-}\right]$.

Ce qui nous donne donc l'expression de Ks en fonction de s :

$$Ks = \left[Ca^{2+}\right]\left[OH^{-}\right]^{2} = s\,(2s)^2 = 4s^3.$$

La solubilité vaut donc $s = \sqrt[3]{\dfrac{Ks}{4}} = \sqrt[3]{\dfrac{1,3 \cdot 10^{-6}}{4}} = 6,9 \cdot 10^{-3}\ mol \cdot L^{-1}$.

Grâce à la masse molaire de l'hydroxyde de calcium égale à 74 $g \cdot mol^{-1}$, nous transposons cette solubilité en $g \cdot L^{-1}$:

$$s = 6,9 \cdot 10^{-3} \times 74 = 5,1 \cdot 10^{-1}\ g \cdot L^{-1}.$$

b. Il se produit successivement deux équilibres dans cette solution :

$$CaCO_{3(s)} = Ca^{2+} + CO_3^{2-} \text{ puis } CO_3^{2-} + H_2O + CO_2 = 2\,HCO_3^{-}.$$

Puisque les ions carbonate produits dans le premier équilibre vont se trouver en présence de la forme prépondérante à pH = 5,5, soit le dioxyde de carbone dissous ($pH < pKa_1$).

On peut alors écrire la réaction prépondérante ayant lieu dans le milieu sous la forme :

$$CaCO_{3(s)} + H_2O + CO_2 = 2\,HCO_3^- + Ca^{2+}.$$

Dont la constante K peut s'écrire :

$$K = \frac{\left[HCO_3^-\right]^2\left[Ca^{2+}\right]}{[CO_2]} = \frac{K_1 Ks_{(CaCO_3)}}{K_2}$$

avec $K_1 = \frac{\left[HCO_3^-\right]}{[CO_2]}$ et $K_2 = \frac{\left[CO_3^{2-}\right]}{\left[HCO_3^-\right]}$ constantes d'acidité des deux couples.

Nous calculons donc la valeur de K : $K = \frac{10^{-6,4} \times 9,0\cdot 10^{-9}}{10^{-10,2}} = 5,68\cdot 10^{-5}$.

D'après la réaction prépondérante écrite plus haut, nous pouvons exprimer la solubilité s en fonction des concentrations des ions, puis injecter ces expressions dans celle de K, soit :

$$s = \left[Ca^{2+}\right] = \frac{\left[HCO_3^-\right]}{2}, \text{ soit } Ks = s\,(2s)^2 = 4s^3$$

$$\text{avec } K = \frac{\left[HCO_3^-\right]^2\left[Ca^{2+}\right]}{[CO_2]} = \frac{4s^3}{[CO_2]}.$$

Nous en déduisons l'expression de s :

$$s = \sqrt[3]{\frac{K\,[CO_2]}{4}} = \sqrt[3]{\frac{5,68\cdot 10^{-5} \times 2,6\cdot 10^{-2}}{4}} = 7,17\cdot 10^{-3}\ \text{mol}\cdot\text{L}^{-1}.$$

Exprimons cette solubilité en $g\cdot L^{-1}$ grâce à la masse molaire du carbonate de calcium :

$$s = 7,17\cdot 10^{-3} \times 100 = 7,17\cdot 10^{-1}\ \text{g}\cdot\text{L}^{-1}.$$

Exercice 10.11 : Hydroxyde amphotère $Cr(OH)_3$ (d'après Capes)

***

Le cation Cr^{3+}donne avec les ions hydroxyde HO^- un précipité d'hydroxyde de chrome (III) $Cr(OH)_3$. Ce dernier se dissout en milieu basique et forme le complexe $[Cr(OH)_4]^-$.

a. Donner l'équation de la formation du précipité à partir de l'ion Cr^{3+} et calculer la constante de cet équilibre.

b. Donner l'équation de la formation du complexe à partir de l'ion Cr^{3+} et calculer la constante de cet équilibre.

c. Écrire l'équation de la formation du complexe à partir de l'hydroxyde de chrome et calculer sa constante d'équilibre.

d. Donner le nom du complexe formé.

e. Justifier l'appellation « hydroxyde amphotère » pour $Cr(OH)_3$.

f. Déterminer le pH séparant les domaines respectifs de Cr^{3+} et de $[Cr(OH)_4]^-$. Justifier.

On considère maintenant un litre de solution acidifiée de chlorure de chrome (III) à une concentration $C = 1,0 10^{-3}$ mol·L^{-1}. On fait varier le pH de cette solution par ajout de soude concentrée ce qui permet de négliger l'effet de dilution.

g. Calculer le pH_1 de début de précipitation de l'hydroxyde de chrome (III). On vérifiera que le complexe du chrome est bien ultraminoritaire par rapport à l'ion chrome (III).

h. Calculer le pH_2 pour lequel la redissolution de l'hydroxyde de chrome (III) sous forme de complexe est totale. On vérifiera qu'à ce pH le complexe de chrome est ultramajoritaire par rapport à l'ion chrome (III).

Données

Produit de solubilité de $Cr(OH)_3$: $Ks = 10^{-31,0}$.

Constante de formation globale du complexe $[Cr(OH)_4]^-$: $\beta_4 = 10^{29,9}$.

Produit ionique de l'eau : $Ke = 10^{-14}$.

a. Équation de formation du précipité d'hydroxyde de chrome à partir des ions chrome (III) :

$$Cr^{3+} + 3\,HO^- = Cr\,(OH)_3 \text{ avec } K_1 = \frac{1}{[Cr^{3+}]\,[HO^-]^3} = \frac{1}{K_s} = \frac{1}{10^{-31,0}} = 10^{31,0}.$$

b. Équation de formation du complexe à partir des ions chrome (III) :

$$Cr^{3+} + 4\,HO^- = Cr\,(OH)_4^- \text{ avec } K_2 = \frac{[Cr\,(OH)_4]^-}{[Cr^{3+}]\,[HO^-]^4} = \beta_4 = 10^{29,9}.$$

c. Équation de formation du complexe à partir de l'hydroxyde de chrome :

$$Cr\,(OH)_3 + HO^- = Cr\,(OH)_4^-$$

$$\text{avec } K_3 = \frac{[Cr\,(OH)_4^-]}{[HO^-]} = \beta_4 K_s = 10^{29,9} \times 10^{-31,0} = 10^{-1,1}.$$

d. Le complexe porte le nom d'ion tétrahydroxochromate (III).

e. Nous voyons intervenir l'hydroxyde dans deux réactions (1 et 3) :

– dans la réaction (1), l'hydroxyde joue le rôle d'une base.

– dans la réaction (2), l'hydroxyde joue le rôle d'un acide.

Il s'agit d'un composé amphotère, puisqu'il est l'acide d'un couple, et la base d'un autre couple.

f. Le pH situé à la frontière entre ces deux espèces impose que leurs concentrations soient identiques à cette valeur de pH. Donc d'après la constante K_2, nous obtenons la relation :

$$K_2 = \frac{\left[Cr(OH)_4\right]^-}{\left[Cr^{3+}\right]\left[HO^-\right]^4} = \frac{1}{\left[HO^-\right]^4} = \beta_4,$$

$$\text{soit } \left[HO^-\right] = \sqrt[4]{\frac{1}{\beta_4}} = \sqrt[4]{10^{-29,9}} = 3,35 \cdot 10^{-8} \text{ mol} \cdot L^{-1}.$$

D'après l'autoprotolyse de l'eau, nous obtenons la concentration en ions oxonium, et donc le pH :

$$Ke = \left[H_3O^+\right]\left[HO^-\right],$$

$$\text{soit } \left[H_3O^+\right] = \frac{Ke}{\left[HO^-\right]} = \frac{10^{-14}}{3,35 \cdot 10^{-8}} = 2,99 \cdot 10^{-7} \text{ mol} \cdot L^{-1}.$$

Le pH vaut : pH = – Log $\left[H_3O^+\right] = -\text{Log}\, 2,99 \cdot 10^{-7} = 6,52$.

g. À l'apparition du précipité, les ions chrome (III) sont encore à la concentration C. L'expression de la constante de réaction K_1 nous permet de trouver la concentration en ions hydroxyde de début de précipitation, et donc de calculer le pH_1 correspondant :

$$K_1 = \frac{1}{\left[Cr^{3+}\right]\left[HO^-\right]^3},$$

$$\text{soit } \left[HO^-\right] = \sqrt[3]{\frac{1}{K_1\left[Cr^{3+}\right]}} = \sqrt[3]{\frac{Ks}{\left[Cr^{3+}\right]}} = \sqrt[3]{\frac{10^{-31,0}}{1,0 \cdot 10^{-3}}} = 4,64 \cdot 10^{-10} \text{ mol} \cdot L^{-1}.$$

Nous pouvons donc calculer la concentration en ions oxonium :

$$Ke = \left[H_3O^+\right]\left[HO^-\right],$$

$$\text{soit } \left[H_3O^+\right] = \frac{Ke}{\left[HO^-\right]} = \frac{10^{-14}}{4,64 \cdot 10^{-10}} = 2,16 \cdot 10^{-5} \text{ mol} \cdot L^{-1}.$$

Le pH_1 vaut donc pH = – Log $\left[H_3O^+\right] = -\text{Log}\, 2,16 \cdot 10^{-5} = 4,67$.

Nous avons démontré que le pH frontière se situe à pH = 6,52. Nous sommes ici à une valeur nettement inférieure, pour laquelle c'est donc l'ion chrome (III) qui est l'espèce dominante.

h. Lorsque la redissolution est totale, c'est maintenant la concentration en complexe qui est égale à C.

L'expression de la constante K_3 nous permet de trouver la concentration en ions hydroxyde de fin de redissolution, et donc de calculer le pH_2 correspondant :

$$K_3 = \frac{\left[Cr(OH)_4^-\right]}{\left[HO^-\right]},$$

$$\text{soit } [HO^-] = \frac{[Cr(OH)_4^-]}{K_3} = \frac{1,0 \cdot 10^{-3}}{10^{-1,1}} = 1,26 \cdot 10^{-2} \text{ mol} \cdot L^{-1}.$$

Nous pouvons calculer la concentration en ions oxonium :

$$Ke = [H_3O^+][HO^-],$$

$$\text{soit } [H_3O^+] = \frac{Ke}{[HO^-]} = \frac{10^{-14}}{1,26 \cdot 10^{-2}} = 7,94 \cdot 10^{-13} \text{ mol} \cdot L^{-1}.$$

Le pH_1 vaut donc pH = – Log $[H_3O^+] = -\text{Log } 7{,}94 \cdot 10^{-13} = 12,1$.

Nous sommes largement au-delà du pH frontière, et par conséquent dans le domaine de prédominance du complexe.

Exercice 10.12 : Indicateur d'équivalence de dosage par précipitation

* * On désire étudier le mode opératoire du dosage des ions chlorure. Pour cela, on dose les ions chlorure contenus dans un volume $V_2 = 10,0$ mL d'une solution de chlorure de potassium à la concentration $C_2 = 0,100 \text{ mol} \cdot L^{-1}$ par les ions argent contenus dans une solution de nitrate d'argent à la concentration $C_1 = 0,100 \text{ mol} \cdot L^{-1}$.

On utilise pour marquer l'équivalence un volume $V_3 = 0,10$ mL d'une solution de chromate de potassium à la concentration $C_3 = 0,100 \text{ mol} \cdot L^{-1}$ qui donne un précipité rouge-orangé de chromate d'argent.

a. Calculer le volume théorique V_1 de nitrate d'argent versé pour atteindre l'équivalence.

b. Montrer que dans les conditions du dosage, le précipité de chromate d'argent ne se forme qu'après l'équivalence.

Données

Produit de solubilité de AgCl : $Ks_1 = 1,7 \cdot 10^{-10}$.

Produit de solubilité de Ag_2CrO_4 : $Ks_2 = 1,7 \cdot 10^{-12}$.

a. Si nous considérons la réaction entre les ions argent et chlorure comme totale, le volume à l'équivalence doit être de :

$$V_1 = \frac{C_2 V_2}{C_1} = \frac{0,100 \times 10,0}{0,100} = 10,0 \text{ mL}.$$

À l'équivalence, tous les ions argent versés ont réagi avec les ions chlorure présents dans le milieu réactionnel.

b. Pour savoir si le précipité de chromate d'argent apparaît à l'équivalence, nous allons calculer la concentration d'ions argent résiduelle, provenant de l'équilibre de solubilité du précipité de chlorure d'argent :

$Ks_1 = [Ag^+][Cl^-] = [Ag^+]^2$ car ces deux concentrations ioniques sont égales, étant en présence d'une solution saturée de chlorure d'argent à l'équivalence.

Nous avons donc $[Ag^+] = \sqrt{Ks} = \sqrt{1,7 \cdot 10^{-10}} = 1,30 \cdot 10^{-5}$ mol·L^{-1}.
La concentration des ions chromate se détermine par la quantité versée dans le milieu réactionnel au début du dosage, en tenant compte du volume de ce milieu à l'équivalence, soit :

$$[CrO_4^-] = \frac{C_3 V_3}{V_1 + V_2 + V_3} = \frac{0,100 \times 0,10}{10,0 + 10,0 + 0,10} = 4,98 \cdot 10^{-4} \text{ mol·L}^{-1}.$$

La précipitation a lieu si le produit de la concentration des deux ions est supérieur au Ks_2, or nous calculons que :

$$[CrO_4^-]\,[Ag^+]^2 = 4,98 \cdot 10^{-4} \times \left(1,30 \cdot 10^{-5}\right)^2 = 8,42 \cdot 10^{-14} \leq Ks_2.$$

Le précipité de chromate d'argent ne se forme donc pas à l'équivalence (et donc pas avant non plus).
Il faudra verser les ions argent en excès par rapport aux ions chlorure présents pour que la précipitation ait lieu et, par conséquent, que la couleur rouge-orangée apparaisse.

Oxydoréduction 11

Ce qu'il faut savoir

Qu'est ce qu'une réaction d'oxydoréduction ?

Dans une réaction d'oxydoréduction, il se produit un échange d'électron(s) entre deux espèces ; l'une gagnant ces électrons, l'autre les cédant. On définit ainsi :

- Un oxydant comme une espèce susceptible de capter des électrons.
- Un réducteur comme une espèce susceptible de céder des électrons.

> **Remarque**
> Une oxydation est une donc une perte d'électrons.
> Une réduction est donc un gain d'électrons.

Les électrons n'existant pas à l'état libre en solution, ils ne peuvent être échangés que par contact. Ainsi, dans l'équation bilan d'oxydoréduction ne verra-t-on pas apparaître ces électrons.

Les deux espèces sont donc réunies dans un couple oxydant réducteur (ou couple redox) : l'oxydant se transforme en réducteur, et réciproquement, et forment donc un couple

$$\alpha \text{ Oxydant} + ne^- \underset{\text{oxydation}}{\overset{\text{réduction}}{\rightleftarrows}} \beta \text{ Réducteur.}$$

Le couple est alors noté oxydant/réducteur.

Une réaction d'oxydoréduction met en jeu l'oxydant d'un couple avec le réducteur d'un autre couple :

$$\text{Ox}_1 + \text{Red}_2 \rightarrow \text{Red}_1 + \text{Ox}_2$$

Il faut évidemment que le nombre d'électrons échangé soit le même entre les deux couples.

Comment caractérise-t-on un couple oxydant réducteur ?

Chaque couple est caractérisé par son potentiel redox, ce potentiel pouvant être calculé par une relation dite relation de Nernst. Pour un couple redox associé à l'équilibre suivant :

$$\alpha \text{ Oxydant} + ne^- \underset{\text{oxydation}}{\overset{\text{réduction}}{\rightleftarrows}} \beta \text{ Réducteur.}$$

La relation de Nernst s'écrit :

$$E = E^0 + \frac{R \cdot T}{n \cdot F} \ln \frac{[\text{oxydant}]^\alpha}{[\text{réducteur}]^\beta}$$
$$= E^0 + \frac{0{,}06}{n} \log \frac{[\text{oxydant}]^\alpha}{[\text{réducteur}]^\beta}$$

E : potentiel de l'électrode.
E^0 : potentiel standard du couple.
R : constante des gaz parfaits.
T : température en Kelvin.
n : nombre de mole d'électrons échangé.
F : constante de Faraday.

La réaction d'oxydoréduction se fait spontanément avec l'oxydant et le réducteur le plus fort. En utilisant les potentiels standard, cela revient à la réaction entre l'oxydant du couple ayant le potentiel standard le plus élevé avec le réducteur du couple ayant le potentiel standard le plus faible.

Nous pouvons donc admettre que la valeur du potentiel standard E traduit le pouvoir oxydant du couple.

Ces potentiels dépendent-ils des conditions physico chimiques ?

Lorsque le couple redox fait intervenir les ions hydrogène ou hydroxyde, le pH va influer sur la valeur du potentiel d'électrode.

Prenons le cas d'une réaction d'oxydoréduction hypothétique faisant intervenir des ions H^+ :

$$\alpha\ \text{Oxydant} + ne^- + mH^+ \underset{\text{oxydation}}{\overset{\text{réduction}}{\rightleftarrows}} \beta\text{Réducteur} + m'H_2O$$

La formule de Nernst fait alors intervenir la concentration de ces ions, donc le pH :

$$E = E^0_{M^{n+}/M} - m\frac{0{,}06}{n} \cdot \text{pH} + \frac{0{,}06}{n} \log \frac{[\text{Ox}]^\alpha}{[\text{Red}]^\beta}$$

Comment est constituée une pile électrochimique ?

On réalise une pile lorsque l'on met en présence deux couples redox reliés par un électrolyte assurant la conduction du courant. La différence de potentiel entre les deux électrodes s'appelle la force électromotrice de la pile (*fem*).

Remarque
L'électrode où se produit la réduction s'appelle la cathode : pole positif.
L'électrode où se produit l'oxydation s'appelle l'anode : pole négatif.

Les électrodes sont identifiées par la réaction chimique qui y a lieu, et non pas par leur polarité (d'ailleurs différente dans un électrolyseur). Il existe évidemment de nombreux moyens pour fabriquer ces piles. Nous pouvons citer la pile la plus connue, à savoir la pile Daniell. Cette pile est constituée par une électrode de zinc baignant dans une solution d'ions zinc Zn^{2+}, et par une électrode de cuivre baignant dans une solution d'ions cuivre Cu^{2+}.

Le zinc plus réducteur subira une oxydation avec production d'électrons : il s'agit de l'anode négative.

Le cuivre plus oxydant subira une réduction avec consommation d'électrons : il s'agit de la cathode positive.

L'électrode positive est toujours constituée par le couple de potentiel le plus élevé.

Les potentiels des deux couples mis en jeu permettent de calculer la force électromotrice de la pile :

$$\text{fem} = E = E_1 - E_2$$

E_1 : potentiel du premier couple constituant l'anode (en volts).

E_2 : potentiel du second couple constituant la cathode (en volts).

En appliquant la relation de Nernst, nous obtenons alors la force électromotrice de la pile. Si nous considérons la réaction suivante entre deux couples redox :

$$\alpha \text{Ox}_1 + \beta \text{Red}_2 \rightarrow \alpha \text{Red}_1 + \beta \text{Ox}_2$$

La fem de la pile est alors donnée par :

$$E = E^0 - \frac{RT}{n \cdot F} \ln \frac{[ox_2]^\beta \cdot [\text{Red}_1]^\alpha}{[\text{Red}_2]^\beta \cdot [ox_1]^\alpha} = E^0 - \frac{0{,}6}{n} \log \frac{[ox_2]^\beta \cdot [\text{Red}_1]^\alpha}{[\text{Red}_2]^\beta \cdot [ox_1]^\alpha}$$

E^0 : différence de potentiel standard des deux couples.

Les piles sont schématisées par la notation conventionnelle suivante :

$$\overbrace{\text{Ox}_1, \text{Red}_1}^{\text{négatif}} // \overbrace{\text{Ox}_2, \text{Red}_2}^{\text{positif}}$$

Comment les potentiels peuvent-ils être mesurés ?

La mesure des potentiels des couples nécessite l'emploi d'électrodes et d'une référence pour les mesures. En effet, les appareils de mesure n'étant que des voltmètres spécifiques mesurant une différence de potentiel, on a pris comme référence l'électrode à hydrogène à laquelle il a été attribué le potentiel de 0,00 V. Cette électrode est basée sur l'équilibre :

$$2\text{H}^+_{(\text{aq})} + 2e^- \rightarrow H_{2(\text{g})}$$

Équilibre auquel nous pouvons associer le potentiel suivant :

$$E = E^0 + \frac{0{,}06}{2} \log \frac{[\text{H}^+]}{p_{\text{H}_2}} = 0{,}00 \text{ V}$$

Par convention, il faut que la concentration en ions hydrogène soit de 1 mol$\cdot$L^{-1} et la pression partielle en dioxygène de 1 bar.

Les électrodes de mesure sont de différents types dont en voici quelques exemples, parmi les plus employées :

• L'électrode au calomel basée sur l'élément mercure Hg.

Les réactions ayant lieu dans l'électrode sont :

$$\begin{array}{lcll} Hg_2Cl_{2(s)} & \rightleftarrows & Hg^{2+}_{2(aq)} + 2Cl^- & (1) \\ Hg^{2+}_{2(aq)} + 2e^- & \rightleftarrows & 2Hg_{(l)} & (2) \\ \hline Hg_2Cl_{2(s)} + 2e^- & \rightleftarrows & 2Hg_{(l)} + 2Cl^- & (3). \end{array}$$

Les différents équilibres amènent aux relations suivantes :

$$(1) \quad E_1 = E^0_{Hg_2^{2+}/Hg} + \frac{0{,}06}{2} \log \left[Hg_2^{2+}\right]$$

$$(2) \quad Ks = \left[Hg_2^{2+}\right] \left[Cl^-\right]^2$$

$$(3) \quad E_3 = E^0_{Hg/Hg_2Cl_2/Cl^-} - \frac{0{,}06}{2} \log \left[Cl^-\right]^2 .$$

Où E_3 représente le potentiel de l'électrode au calomel.

• Les électrodes métal-ion

Ces électrodes sont constituées par métal plongeant dans une solution ionique contenant l'un de ses ions. On assiste à l'équilibre suivant :

$$M^{n+} + ne^- \rightarrow M$$

Le potentiel d'électrode vaut donc :

$$E = E^0_{M^{n+}/M} + \frac{0{,}06}{n} \log \left[M^{n+}\right] .$$

• Les électrodes redox

Ces électrodes sont constituées lorsqu'un métal inerte (tel que le platine) plonge dans une solution contenant un couple redox. L'expression du potentiel revient donc à l'expression du potentiel du couple redox, puisque le métal inerte n'intervient pas :

$$E = E^0 + \frac{R \cdot T}{n \cdot F} \ln \frac{[\text{oxydant}]^\alpha}{[\text{réducteur}]^\beta} = E^0 + \frac{0{,}06}{n} \log \frac{[\text{oxydant}]^\alpha}{[\text{réducteur}]^\beta}$$

Exercice 11.1 : Pile cuivre-zinc (d'après Mines et Ponts, 2006)

On associe, par l'intermédiaire d'un millivoltmètre et d'un pont salin :

- une lame de cuivre plongeant dans une solution à 0,10 $mol \cdot L^{-1}$ de sulfate de cuivre (II) ;
- une lame de zinc plongeant dans une solution à 0,10 $mol \cdot L^{-1}$ de sulfate de zinc (II).

a. Quelle est la polarité de la pile ainsi constituée ? Indiquer les réactions chimiques qui ont lieu à chaque électrode et nommer ces électrodes.

b. Quelle est la réaction chimique qui a lieu quand la pile débite ?

c. Quelle est l'expression de la *fem* de cette pile ?

d. Exprimer le potentiel de la lame de cuivre plongeant dans la solution de cuivre (II).

Données (à 25 °C)

Potentiel standard : $E^\circ_{Cu^{2+}/Cu} = 0{,}80$ V $\quad E^\circ_{Zn^{2+}/Zn} = -0{,}76$ V

a. D'après les valeurs des potentiels standard des deux couples, nous en déduisons que la lame de cuivre constitue le pôle positif et la lame de zinc le pôle négatif. Les deux demi-équations sont donc les suivantes :

$$Cu^{2+} + 2e^- = Cu$$
$$Zn = Zn^{2+} + 2e^-.$$

Au niveau de la lame de cuivre se produit la réduction, il s'agit donc de la cathode. Au niveau de la lame de zinc se produit l'oxydation, il s'agit donc de l'anode.

b. La réaction qui a lieu est donc :

$$Zn + Cu^{2+} \rightarrow Zn^{2+} + Cu.$$

c. La fem d'une pile mettant en jeu deux couples est donnée par la relation :

$$E = \left(E^\circ_{Cu^{2+}/Cu} - E^\circ_{Zn^{2+}/Zn}\right) - \frac{R \cdot T}{2F} \ln \frac{[Zn^{2+}]}{[Cu^{2+}]}$$
$$= \left(E^\circ_{Cu^{2+}/Cu} - E^\circ_{Zn^{2+}/Zn}\right) - \frac{0{,}06}{2} \log \frac{[Zn^{2+}]}{[Cu^{2+}]}.$$

Puisque nous avons les concentrations des ions qui sont identiques, le logarithme est nul, et la relation se simplifie en :

$$E = \left(E^\circ_{Cu^{2+}/Cu} - E^\circ_{Zn^{2+}/Zn}\right) = 0{,}80 - (-0{,}76) = 1{,}56 \text{ V}.$$

d. Le potentiel de la lame de cuivre est donné par la relation :

$$E = E^\circ_{Cu^{2+}/Cu} + \frac{R \cdot T}{2F} \ln \left[Cu^{2+}\right].$$

Exercice 11.2 : Le dioxyde de soufre (d'après Capes)

**

a. Calculer à pH = 3 les potentiels redox standard apparents des couples :
- $Cr_2O_7^{2-}/Cr^{3+}$.
- $O_2(aq)/H_2O$.
- SO_4^{2-}/SO_2.

b. En conclure qu'à ce pH, le dioxyde de soufre en solution aqueuse est oxydé par l'oxygène et par l'ion dichromate.

c. Écrire les deux équations d'oxydoréduction correspondantes.
On admettra qu'à ce pH, le dioxyde de soufre dissous est entièrement sous forme de SO_2, et que le chrome (VI) est entièrement sous forme d'ions $Cr_2O_7^{2-}$.

d. Une usine rejette par jour 100 m^3 de gaz contenant 72,0 mg·L^{-1} de dichromate de potassium et 5,0 mg·L^{-1} de dioxygène. Calculer la masse de SO_2 à injecter journellement pour réaliser les réactions d'oxydoréduction prévisibles.

Données

Masses molaires (g·mol^{-1}) H = 1 ; O = 16 ; Cr = 52 ; S = 16 ; K = 39.

Potentiels redox standard à 25 °C : $Cr_2O_7^{2-}/Cr^{3+} = 1{,}33$ V

$O_2(aq)/H_2O = 1{,}23$ V

$SO_4^{2-}/SO_2 = 0{,}20$ V

a. Pour chaque couple proposé, nous allons écrire l'équilibre liant l'oxydant et le réducteur.

b. Écrivons les demi-équations redox, de manière à pouvoir exprimer le potentiel du couple, puis le potentiel apparent du couple à pH = 3.

- Couple $Cr_2O_7^{2-}/Cr^{3+}$.

$$Cr_2O_7^{2-} + 14H^+ + 6e \quad = 2Cr^{3+} + 7H_2O$$

$$E_1 = E^0_{Cr_2O_7^{2-}/Cr^{3+}} + \frac{0{,}06}{6}\,\text{Log}\,\frac{[Cr_2O_7^{2-}]\,[H^+]^{14}}{[Cr^{3+}]^2}$$

$$= E^0_{Cr_2O_7^{2-}/Cr^{3+}} - 0{,}014\text{ pH} + 0{,}01\text{Log}\,\frac{[Cr_2O_7^{2-}]}{[Cr^{3+}]^2}.$$

Le potentiel standard apparent de ce couple vaut donc :

$$E_{1\text{app}} = 1{,}33 - 0{,}14\text{ pH}$$
$$= 1{,}33 - (0{,}14 \times 3)$$
$$= 0{,}91\text{ V}.$$

- Couple $O_2(aq)/H_2O$.

$$O_2 + 4H^+ + 4e^- = 2H_2O$$

$$E_2 = E^0_{O_2/H_2O} + \frac{0,06}{4}\,\text{Log}\,[O_2]\left[H^+\right]^4$$

$$= E^0_{O_2/H_2O} - 0,06\ \text{pH} + \frac{0,06}{4}\,\text{Log}\,[O_2]\,.$$

Le potentiel standard apparent de ce couple vaut donc :

$$\begin{aligned} E_{2\text{app}} &= 1,23 - 0,6\ \text{pH} \\ &= 1,23 - (0,06 \times 3) \\ &= 1,05\ \text{V}. \end{aligned}$$

- Couple SO_4^{2-}/SO_2.

$$SO_4^{2-} + 4H^+ + 2e^- = SO_2 + 2H_2O$$

$$E_3 = E^0_{SO_4^{2-}/SO_2} + \frac{0,06}{2}\,\text{Log}\,\frac{\left[SO_4^{2-}\right]\left[H^+\right]^4}{[SO_2]}$$

$$= E^0_{SO_4^{2-}/SO_2} - 0,12\ \text{pH} + \frac{0,06}{2}\,\text{Log}\,\frac{\left[SO_4^{2-}\right]}{[SO_2]}$$

Le potentiel standard apparent de ce couple vaut donc :

$$\begin{aligned} E_{3\text{app}} &= 0,20 - 0,12\ \text{pH} \\ &= 0,20 - (0,12 \times 3) \\ &= -0,16\ \text{V}. \end{aligned}$$

c. Nous observons que le potentiel standard apparent du couple auquel appartient le dioxyde de soufre est le plus faible des trois, ce qui signifie que le dioxyde de soufre est le réducteur le plus fort du milieu.
Il pourra donc être oxydé par l'oxydant le plus fort du milieu, soit celui appartenant au couple de potentiel apparent le plus élevé, donc le dioxygène (réaction prépondérante). Si tout le dioxygène réagit, il pourra ensuite être oxydé par les ions dichromate.

d. Réaction entre le dioxyde de soufre et le dioxygène :

$$\begin{array}{c} \left(SO_2 + 2H_2O = SO_4^{2-} + 4H^+ + 2e^-\right)2 \\ O_2 + 4H^+ + 4\,e^- = 2H_2O \\ \hline 2SO_2 + 2H_2O + O_2 \rightarrow 2SO_4^{2-} + 4H^+ \end{array}.$$

Réaction entre le dioxyde de soufre et les ions dichromate :

$$\begin{array}{c} \left(SO_2 + 2H_2O = SO_4^{2-} + 4H^+ + 2e^-\right)3 \\ Cr_2O_7^{2-} + 14H^+ + 6e^- = 2Cr^{3+} + 7H_2O \\ \hline 3SO_2 + Cr_2O_7^{2-} + 2H^+ \rightarrow 3SO_4^{2-} + 2Cr^{3+} + H_2O \end{array}.$$

e. Calculons les quantités correspondant aux données de l'exercice :

- Dioxygène :
  Les 100 m^3 contiennent donc $5 \cdot 10^2$ g de dioxygène, soit une quantité de

$$n_{O_2} = \frac{5{,}0 \cdot 10^2}{32} = 1{,}56 \cdot 10^1 \text{ mol.}$$

- Ions dichromate :
  Les 100 m^3 contiennent donc $72{,}0 \cdot 10^2$ g d'ions dichromate, soit une quantité de $n_{Cr_2O_7^{2-}} = \dfrac{72{,}0 \cdot 10^2}{294} = 2{,}45 \cdot 10^1$ mol.

D'après les deux équations d'oxydoréduction précédentes, nous calculons que la quantité de dioxyde de soufre nécessaire pour réagir avec ces quantités de dioxygène et de dichromate de potassium est :

$$\begin{aligned} n_{SO_2} &= 2n_{O_2} + 3n_{Cr_2O_7^{2-}} \\ &= \left(2 \times 1{,}56 \cdot 10^1\right) + \left(3 \times 2{,}45 \cdot 10^1\right) \\ &= 104{,}7 \text{ mol} \end{aligned}$$

soit une masse de SO_2 de : $104{,}7 \times 64 = 6{,}7 \cdot 10^3$ g.

Exercice 11.3 : Étude d'une électrode (d'après Capes)

* On plonge un fil de platine dans une solution obtenue en mélangeant, dans 1,00 litre d'eau, 0,10 mole de sulfate de fer (II) et 0,050 mole de sulfate de fer (III).

a. Calculer, à partir des données, le potentiel de cette électrode.

b. En réalité, la valeur trouvée est sensiblement différente. Pourquoi ?

a. Écrivons la mise en solution des deux solides :

$$FeSO_4 \rightarrow Fe^{2+} + SO_4^{2-}$$
$$Fe_2(SO_4)_3 \rightarrow 2Fe^{3+} + 3SO_4^{2-}.$$

D'après ces équations, nous en déduisons que les concentrations des ions fer (II) et celle des ions fer (III) sont identiques :

$$\left[Fe^{2+}\right] = \left[Fe^{3+}\right] = 0{,}10 \text{ mol} \cdot L^{-1}.$$

Ces deux ions fer sont liés par l'équilibre redox suivant :

$$Fe^{3+} + e^- = Fe^{2+}.$$

Le potentiel vaut donc :

$$\begin{aligned} E &= E^0_{Fe^{3+}/Fe^{2+}} + 0{,}06 \,\text{Log}\, \frac{\left[Fe^{3+}\right]}{\left[Fe^{2+}\right]} \\ &= 0{,}77 + 0{,}06 \text{Log } 1 \\ &= 0{,}77 \text{ V.} \end{aligned}$$

b. Nous savons que dans la relation de Nernst, ce sont les activités qui interviennent. Ces dernières sont assimilées, pour des solutions diluées, aux concentrations des espèces dissoutes ; mais nous savons que l'égalité n'est pas exacte.
De plus, il se peut que les ions fer (II) ou fer (III) réagissent avec les ions sulfates pour former éventuellement des précipités ou des complexes.

Exercice 11.4 : Pile et solubilité (d'après STL)

* La première demi-pile est constituée d'une électrode de platine plongeant dans une solution de permanganate de potassium (K^+, MnO_4^-) acidifiée dans laquelle les concentrations valent $[MnO_4^-] = 0{,}010\ mol \cdot L^{-1}$; $[Mn^{2+}] = 0{,}020\ mol \cdot L^{-1}$; $[H_3O^+] = 0{,}010\ mol \cdot L^{-1}$.

L'autre demi-pile est une électrode d'argent plongeant dans une solution de nitrate d'argent (Ag^+, NO_3^-) telle que $[Ag^+] = 0{,}10\ mol \cdot L^{-1}$. L'étude est faite à 25 °C.

a. Exprimer puis calculer les valeurs des potentiels E_1 et E_2 de chaque demi-pile.
b. Préciser la polarité des électrodes.
c. Calculer la valeur de la fem E de la pile au début de fonctionnement.
d. Écrire l'équation bilan de la réaction chimique lorsque la pile débite. Préciser les espèces réduites et oxydées.

Données

Potentiel standard des couple MnO_4^-/Mn^{2+} : 1,51 V ; Ag^+/Ag ; 0,80 V.

a. Écrivons l'équilibre d'oxydoréduction associé au fonctionnement de chaque demi-pile pour déterminer l'expression du potentiel par la formule de Nernst.
Pour la demi-pile n° 1 (type électrode redox)

$$MnO_4^- + 8H^+ + 5e^- = Mn^{2+} + 4H_2O$$

$$\text{avec} \quad E_1 = E^0_{MnO_4^-/Mn^{2+}} + \frac{0{,}06}{5}\, \mathrm{Log} \frac{[MnO_4^-]\,[H^+]^8}{[Mn^{2+}]}$$

Le potentiel vaut donc :

$$E_1 = 1{,}51 + \frac{0{,}06}{5}\, \mathrm{Log}\, \frac{0{,}010 \times (0{,}010)^8}{0{,}020} = 1{,}31\ \mathrm{V}.$$

Pour la demi-pile n° 2 (type métal-ion)

$$Ag^+ + e^- = Ag \quad \text{avec} \quad E_2 = E^0_{Ag^+/Ag} + 0{,}06\, \mathrm{Log}\, [Ag^+] .$$

Le potentiel vaut donc :

$$E_2 = 0{,}80 + 0{,}06\, \mathrm{Log}\, 0{,}10 = 0{,}74\ \mathrm{V}.$$

b. L'électrode positive correspond au compartiment de potentiel le plus grand, soit ici la demi-pile formée par le permanganate de potassium acidifié.

c. La *fem* de la pile est donnée par la différence de potentiel des deux demi-piles, soit :

$$E = E_1 - E_2 = 1{,}31 - 0{,}74 = 0{,}57 \text{ V}.$$

d. Écrivons les demi-équations de fonctionnement de chaque demi-pile, puis nous en déduirons l'équation bilan d'oxydoréduction lorsque la pile débite :

$$\begin{array}{c} MnO_4^- + 8H^+ + 5e^- = Mn^{2+} + 4H_2O \\ \left(Ag = Ag^+ + e^-\right) \times 5 \\ \hline MnO_4^- + 8H^+ + 5Ag \rightarrow Mn^{2+} + 4H_2O + 5Ag^+ \end{array}.$$

e. Les ions permanganate sont donc réduits pendant que l'électrode d'argent est oxydée.

Exercice 11.5 : Pile de concentration

* On réalise une pile en utilisant deux compartiments reliés par un pont salin et constitués tous les deux d'une électrode d'argent plongeant dans une solution de nitrate d'argent. Dans le premier compartiment, la concentration est de $C_1 = 1{,}0 \cdot 10^{-3}$ mol·L^{-1}, et dans le second la concentration est $C_2 = 1{,}0 \cdot 10^{-4}$ mol·L^{-1}.

a. Calculer le potentiel d'oxydoréduction de chaque électrode.

b. En déduire la polarité de la pile ainsi créée.

c. Calculer la *fem* de cette pile.

Données

Potentiel standard : $E°(Ag+/Ag(s)) = 0{,}80$ V.

a. Les deux compartiments contenant le même couple Ag^+/Ag, l'expression du potentiel est la même :

$$E = E^0_{Ag^+/Ag} + 0{,}06 \,\text{Log}\left[Ag^+\right].$$

b. Nous savons que l'électrode positive d'une pile est constituée par le compartiment possédant le potentiel le plus élevé.

Calculons le potentiel correspondant à chaque électrode :

- Électrode positive :

$$E^+ = E^0_{Ag^+/Ag} + 0{,}06 \,\text{Log}\left[Ag^+\right] = 0{,}80 + 0{,}06 \,\text{Log}\,(1{,}0 \cdot 10^{-1}) = 0{,}74 \text{ V}.$$

- Électrode négative :

$$E^- = E^0_{Ag^+/Ag} + 0{,}06 \,\text{Log}\left[Ag^+\right] = 0{,}80 + 0{,}06 \,\text{Log}\,(1{,}0 \cdot 10^{-4}) = 0{,}56 \text{ V}.$$

c. Le fem est égale à la différence de potentiel entre l'électrode positive et l'électrode négative :

$$\text{fem} = E = E^{+} - E^{-} = 0{,}74 - 0{,}56 = 0{,}18 \text{ V}.$$

Exercice 11.6 : Dosage électroargentimétrique (d'après STL)

**

On se propose d'étudier le dosage électroargentimétrique d'une solution (S) contenant des ions chlorure et des ions iodure. Une prise d'essai de 100,0 mL de solution (S) contenant du chlorure de potassium et de l'iodure de potassium à la concentration initiale de $5{,}0 \cdot 10^{-3}$ mol·L^{-1} est placée dans un bécher.

Une électrode d'argent est plongée dans cette solution reliée à un dispositif permettant d'en mesurer le potentiel par rapport à l'électrode standard à hydrogène. On verse alors une solution de nitrate d'argent suffisamment concentrée pour considérer que le volume total est constant, et l'on mesure le potentiel de l'électrode d'argent.

Données (à 25 °C)

Produits de solubilité : $K_{S1}(\text{AgI}) = 1{,}5 \cdot 10^{-16}$ $K_{S2}(\text{AgCl}) = 1{,}5 \cdot 10^{-10}$.

Potentiel standard : $E°(\text{Ag}^{+}/\text{Ag}(s)) = 0{,}80$ V.

$$(RT/F) \cdot \ln(x) = 0{,}06 \log(x), \text{ en V.}$$

a. Donner l'expression du potentiel de l'électrode d'argent.

b. Écrire les équations des réactions ayant lieu dans la solution (S) au cours du dosage, dans l'ordre où elles se produisent.

c. Donner les expressions des constantes d'équilibre K_1 et K_2 de ces réactions. Calculer leurs valeurs numériques. Que peut-on en conclure ?

d. En déduire, sans calcul, dans quel sens évoluera la valeur du potentiel au cours du dosage.

On considère que la précipitation de l'iodure d'argent est terminée lorsque la concentration $[\text{I}^{-}]$ est égale à 0,1 % de la concentration initiale.

e. Calculer le potentiel de l'électrode d'argent lorsque la précipitation de l'iodure d'argent est terminée.

f. Calculer le potentiel de l'électrode d'argent lorsque le chlorure d'argent commence à précipiter.

g. Montrer alors qu'il est possible de doser séparément les ions iodure et les ions chlorure par précipitation.

a. Cette électrode est une électrode métal-ion dont le potentiel est basé sur l'équilibre d'oxydoréduction suivant :

$$\text{Ag}^{+} + ne^{-} = \text{Ag}_{(s)}.$$

Le potentiel sera donné par la relation de Nernst

$$E = E^{0}_{\text{Ag}^{+}/\text{Ag}} + 0{,}06 \,\text{Log}\left[\text{Ag}^{+}\right].$$

b. Les ions argent versés lors du dosage vont pouvoir précipiter sous la forme soit d'iodure d'argent AgI, soit sous la forme de chlorure d'argent AgCl.
La constante de solubilité de l'iodure d'argent est nettement inférieure à celle du chlorure d'argent, ce qui démontre que le précipité d'iodure d'argent est beaucoup plus stable, donc se forme en premier.

c. Écrivons en premier lieu l'équation de précipitation de l'iodure d'argent AgI :

$$Ag^+ + I^- = AgI_{(s)}, \text{ avec } K_1 = \frac{1}{\left[Ag^+\right]\left[I^-\right]} = \frac{1}{K_{s1}} = \frac{1}{1{,}5\cdot 10^{-16}} = 6,7\cdot 10^{15}$$

Écrivons maintenant l'équation de précipitation du chlorure d'argent AgCl :

$$Ag^+ + Cl^- = AgCl_{(s)}, \text{ avec } K_2 = \frac{1}{\left[Ag^+\right]\left[Cl^-\right]} = \frac{1}{K_{s2}} = \frac{1}{1{,}5\cdot 10^{-10}} = 6,7\cdot 10^{9}$$

La valeur de K_1 très nettement supérieure à celle de K_2 confirme que ce soit le précipité d'iodure d'argent qui se forme en premier.

d. D'après l'expression de la constante K_1, nous obtenons l'expression de la concentration en ions argent, soit : $\left[Ag^+\right] = \frac{1}{K_1\left[I^-\right]}$. Cette expression est valable tant que des ions iodure sont encore présents dans la solution.
Injectons cette expression de la concentration des ions argent dans l'expression du potentiel de l'électrode, soit :

$$E = E^0_{Ag^+/Ag} + 0{,}06\,\text{Log}\left[Ag^+\right] = E^0_{Ag^+/Ag} + 0{,}06\,\text{Log}\left(\frac{1}{K_1\left[I^-\right]}\right).$$

Au fur et à mesure de l'ajout d'ions argent, la concentration en ions iodure va diminuer par formation du précipité d'iodure d'argent. Le rapport $\frac{1}{K_1\left[I^-\right]}$ va donc augmenter, et la valeur du potentiel également.
Lorsque tous les ions auront réagi, les ions argent précipiteront avec les ions chlorure. Un raisonnement similaire nous montre que le potentiel va continuer à augmenter.
Lorsque tous les ions chlorure auront précipité avec les ions argent, la concentration de ces derniers continuera d'augmenter puisque l'ajout d'ions argent va se poursuivre. Le potentiel continuera donc d'augmenter.

e. À la fin de la précipitation, la concentration en ions iodure vaut :

$$\left[I^-\right]_f = \frac{0{,}1}{100}\left[I^-\right]_i = \frac{0{,}1}{100}5{,}0\cdot 10^{-3} = 5{,}0\cdot 10^{-6}\ \text{mol}\cdot\text{L}^{-1}.$$

Ce qui permet de calculer le potentiel d'électrode :

$$E = E^0_{Ag^+/Ag} + 0{,}06\,\text{Log}\left(\frac{1}{K_1\left[I^-\right]}\right) = 0{,}80 + 0{,}06\,\text{Log}\left(\frac{1}{6{,}7\cdot 10^{15}\times 5{,}0\cdot 10^{-6}}\right)$$
$$= 0{,}17\ \text{V}.$$

f. Au début de la précipitation du chlorure d'argent, les ions chlorure sont à leur concentration initiale, soit $5{,}0\cdot 10^{-3}$ mol·L^{-1}.
Le potentiel d'électrode vaut donc :

$$E = E^0_{Ag^+/Ag} + 0{,}06\,\mathrm{Log}\left(\frac{1}{K_2\left[Cl^-\right]}\right) = 0{,}80 + 0{,}06\,\mathrm{Log}\left(\frac{1}{6,7\cdot 10^9 \times 5{,}0\cdot 10^{-3}}\right)$$
$$= 0,35\ \mathrm{V}.$$

g. Les deux valeurs de potentiel sont suffisamment différentes pour permettre le dosage des deux ions.

Exercice 11.7 : Étude d'une pile bouton (d'après Capes, 2006)

* *

Une solution de nitrate de mercure (I) contient l'ion mercure (I) Hg_2^{2+}. Cet ion peut jouer le rôle d'oxydant ou de réducteur dans deux couples oxydoréducteurs.

a. Écrire les deux demi-équations relatives aux couples $Hg^{2+}/Hg2^{2+}$ et $Hg_2^{2+}/Hg_{(l)}$. Préciser le rôle de cet ion dans chacun de ces couples.

b. Exprimer le potentiel de chacun de ces couples.

c. Écrire l'équation de la réaction de dismutation de l'ion mercure (I).

d. Déterminer le potentiel standard E_6° du couple $Hg^{2+}/Hg_{(l)}$.

Données

Potentiel standard à pH = 0 : $H^+/H_{2(g)}\,E_1^\circ = 0{,}00$ V ;
$O_{2(g)}/H_2O_{(l)}\,E_2^\circ = 1{,}23$ V ;
$Zn^{2+}/Zn_{(s)}\,E_3^\circ = -0{,}76$ V ;
$Hg^{2+}/Hg_2^{2+}\,E_4^\circ = 0{,}92$ V ;
$Hg_2^{2+}/Hg_{(l)}\,E_5^\circ = 0{,}80$ V ;
$Hg(OH)_2/Hg_{(l)}\,E_6^\circ = 0{,}93$ V.

a. Nous écrivons les deux demi-équations auxquelles participe cet ion mercure :

$$2Hg^{2+} + 2e^- = Hg_2^{2+} \quad (1)$$
$$Hg_2^{2+} + 2e^- = 2Hg_{(l)} \quad (2).$$

Dans la demi-équation (1), l'ion est le réducteur, alors que dans la demi-équation (2) il est l'oxydant.

b. Le potentiel est donné par la relation de Nernst :

Premier couple : $E_4 = E_4^0 + \dfrac{0{,}06}{2}\,\mathrm{Log}\,\dfrac{\left[Hg^{2+}\right]^2}{\left[Hg_2^{2+}\right]}$.

Second couple : $E_5 = E_5^0 + \dfrac{0{,}06}{2}\,\mathrm{Log}\left[Hg_2^{2+}\right]$.

c. La réaction de dismutation correspond à la réaction de l'ion mercure avec lui-même (ayant à la fois le caractère oxydant et réducteur) :

$$2Hg_2^{2+} = 2Hg_{(l)} + 2Hg^{2+}$$

$$\text{soit} \quad Hg_2^{2+} = Hg_{(l)} + Hg^{2+}.$$

d. Les deux espèces du couple $Hg^{2+}/Hg_{(l)}$ sont liées par l'équilibre suivant : $Hg^{2+} + 2e^- = Hg_{(l)}$.

Nous constatons que cette équation est la somme des équations (1) et (2) précédemment écrites, si toutefois nous divisons les nombres stœchiométriques de ces équations d'un facteur 2.

$$Hg^{2+} + e^- = \frac{1}{2}Hg_2^{2+} \quad (1)$$

$$\frac{1}{2}Hg_2^{2+} + e^- = Hg_{(l)} \quad (2)$$

$$Hg^{2+} + 2e^- = Hg_{(l)}.$$

Le potentiel standard E_6^0 vaut donc : $E_6^0 = \frac{1}{2}\left(E_4^0 + E_5^0\right) = \frac{1}{2}(0{,}92 + 0{,}80) = 0{,}86$ V.

Exercice 11.8

** Propriétés réductrices du magnésium (d'après Mines d'Albi, 2003)

Le magnésium sert à la fabrication de piles amorçables à l'eau de mer, très utilisées dans la marine. Ce type de pile est constitué d'une demi-pile $AgCl_{(s)}/Ag_{(s)}$ et d'une demi-pile $MgCl_{2(s)}/Mg_{(s)}$. La pile est étanche mais peut être activée par ouverture d'un opercule permettant le contact entre l'eau de mer et les électrodes. En milieu chlorure, le potentiel standard du couple $MgCl_{2(s)}/Mg_{(s)}$ vaut $-1{,}71$ V ; celui du couple $AgCl_{(s)}/Ag_{(s)}$ vaut 0,22 V.

a. Indiquer quelle est l'anode et quelle est la cathode.

b. Donner l'expression des potentiels des deux couples.

c. Quelle est la réaction de fonctionnement de la pile ?

d. Préciser la polarité des électrodes et le sens de déplacement des électrons.

e. Calculer la fem théorique de la pile. Montrer qu'elle ne dépend pas de la concentration en ions chlorure.

f. Quel est le rôle de l'eau de mer ?

a. D'après les potentiels standard, nous en déduisons que le chlorure d'argent sera l'oxydant, et le magnésium le réducteur.

– Le chlorure d'argent subira donc une réduction : ce couple constituera la cathode.

– Le magnésium subira une oxydation : ce couple constituera l'anode.

b. Écrivons les demi-équations redox ainsi que l'expression des potentiels des deux couples mis en jeu :

- Couple $AgCl_{(s)}/Ag_{(s)}$

$$AgCl_{(s)} + e^- = Ag_{(s)} + Cl^- \quad \text{avec} \quad E_1 = E_1^0 + 0{,}06\,\text{Log}\frac{1}{[Cl^-]}.$$

- Couple $MgCl_{2(s)}/Mg_{(s)}$

$$MgCl_{2(s)} + 2e^- = Mg_{(s)} + 2Cl^- \quad \text{avec} \quad E_2 = E_2^0 + \frac{0{,}06}{2}\,\text{Log}\,\frac{1}{[Cl^-]^2}.$$

c. L'équation bilan de la réaction est :

$$2AgCl_{(s)} + Mg_{(s)} = 2Ag_{(s)} + MgCl_{2(s)}.$$

d. Le compartiment contenant le couple de l'argent sera l'électrode positive ; celui contenant le couple du magnésium constituant l'électrode négative.
Les électrons seront donc produits dans le compartiment du magnésium, circuleront dans le circuit électrique connecté aux bornes de la pile, puis iront dans le compartiment de l'argent.

e. La *fem* de cette pile est donnée par la relation :

$$E = \left(E_1^\circ - E_2^\circ\right) = 0{,}22 - (-1{,}71) = 1{,}93\ \text{V}.$$

Dans l'expression de la fem, les espèces des deux couples interviennent théoriquement, mais ici, toutes les espèces sont des solides. Le logarithme de 1 valant 0, la *fem* vaut simplement la différence des potentiels standard des deux couples.
La concentration en ions chlorure n'intervient pas, puisque ces ions n'interviennent pas dans l'équation bilan de la réaction de fonctionnement de la pile.

f. L'eau de mer joue le rôle de pont salin ou d'électrolyte. Elle assure la conduction du courant en fermant le circuit électrique.

Exercice 11.9 : Contrôle d'alcoolémie (d'après Mines d'Albi)

Environ une demi-heure après avoir été consommé, l'alcool parvient dans l'intestin grêle où il passe dans le sang. Le cœur propulse le sang veineux vers les poumons pour qu'il s'y oxygène. Dans les alvéoles pulmonaires, les échanges gazeux s'effectuent : le sang se charge en dioxygène et se libère du dioxyde de carbone ainsi que d'une partie de l'alcool. Ces vapeurs sont expirées dans l'air. L'air alvéolaire est environ 2 100 fois moins concentré en alcool que le sang.

Dans les stations-service ou en pharmacie, on peut acheter des alcootests jetables. Ils sont constitués d'un sachet gonflable d'une capacité de 1,0 L et d'un tube en verre contenant des cristaux jaunes de dichromate de potassium en milieu acide. Ceux-ci se colorent en vert au contact de l'alcool. L'automobiliste souffle dans le ballon et fait passer l'air à travers le tube. Si la coloration verte dépasse le trait témoin sur le tube, le seuil toléré des $0{,}5\ g{\cdot}L^{-1}$ est dépassé.

Données

Couple	$Cr_2O_7^{2-}/Cr^{3+}$	$CH_3COOH/\ CH_3CH_2OH$
$E°$ (V)	1,33	0,19

a. Écrire l'équation de la réaction responsable du changement de couleur.

b. Quelle est l'espèce oxydée ? Quelle est l'espèce réduite ?

c. Quelles précautions doit-on prendre avec les cristaux de dichromate de potassium ?

a. Disposant des deux couples redox, écrivons les deux demi-équations, puis l'équation d'oxydoréduction.

$$(Cr_2O_7^{2-} + 14H^+ + 6e^- = 2Cr^{3+} + 7H_2O) \times 2$$
$$(CH_3CH_2OH + H_2O = CH_3COOH + 4H^+ + 4e^-) \times 3$$
$$\overline{2Cr_2O_7^{2-} + 3CH_3CH_2OH + 16H^+ = 4Cr^{3+} + 11H_2O + 3CH_3COOH}$$

Les ions dichromate de couleur jaune se transforment en ion chrome III de couleur verte.

b. L'éthanol est oxydé en acide éthanoïque alors que les ions dichromate sont réduits en ions chrome III.

c. Ces cristaux sont extrêmement toxiques et cancérigènes. Il ne faut donc surtout pas les manipuler avec les mains nues, notamment en cas de casse du tube de l'alcootest.

Index

51292 - (I) - (1,8) - OSB 80° - PUB - JME

Achevé d'imprimer sur les presses de
SNEL Grafics sa
Z.I. des Hauts-Sarts - Zone 3
Rue Fond des Fourches 21 – B-4041 Vottem (Herstal)
Tél +32 (0)4 344 65 60 - Fax +32 (0)4 286 99 61
août 2007 — 42487

Dépôt légal : septembre 2007

Imprimé en Belgique